농업에서 꿈을 찾다 ❶

농업은 농사가 아니다, 미래산업이다!

인해 **박영일** 지음

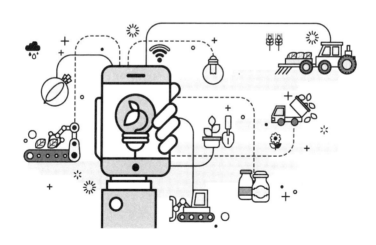

백산출판사

머리말

농업에 희망이 있는 이유는 세계 농·식품시장이 전 세계 정보통신산업과 자동차산업 그리고 철강산업 모두를 합친 시장보다 크기 때문이다. 이 엄청난 시장을 두고 우리는 농업을 경쟁력 없는 보호해야 할 대상으로 여기는 농업정책을 펴고 있다. 농업은 더 이상 농사가 아니다. 농업을 미래성장산업으로 보는 인식의 전환이 필요할 뿐이다. 지금 이대로 우리의 농업정책이 10여 년간 지속된다면, 농촌은 공동화현상이 가속화되고, 농업경쟁력은 상실될 것이다. 세계 곡물시장 변동성에 대한 대응력은 더욱 상실될 것이고 식량안보는 취약한 상황에 빠질 것이다.

농촌의 공동화현상 방지와 국내 농업 경쟁력 향상을 위하여, 농지제도의 개선과 농업경제특구지역과 같은 혁신적 농정정책을 미래지향적으로 제시할 수 있어야 한다. 다른 한편으로는 미래 곡물자원 확보를 위하여 동몽골, 연해주와 같은 광활한 대지 위에 우리의 종자와 기술을 가지고 농업과 축산업을 진출시켜야 한다. 가까운 미래에 이 지역은 동북아시장뿐만 아니라 유럽시장으로 가는 교두보 역할을 하게 될 것이다.

농업은 이제 4차 산업혁명의 중심에 서 있다. 가까운 미래에 농업플랜트산업시대가 도래할 것이다. 무인농장에서 IoT, 센서기술,

빅데이터, 통신기술이 결합된 로봇농군(Robot Farmer)들이 파종을 하고, 잡초를 제거하고, 농작물 수확까지 하는 광경은 미래에 다가올 우리의 시골 풍경이 될 것이다. 로봇농군의 농사일은 단순한 농작물 생산이 아니라 매년 축적된 데이터를 AI 인공지능 분석자료를 이용하여 농작물의 수요예측, 날씨예측, 농작물성장관리, 토양관리, 병충해관리 등을 하는 정밀농업시대가 될 것이다. 도심 한가운데 빌딩 속 농장에서는 다양한 농작물들이 토지재배의 400배에 가까운 놀라운 생산성을 보이며 도시민들에게 신선한 채소류를 실시간으로 공급할 것이다.

종자산업, 발효산업, 곤충산업 등 농생명과학분야로 확대된 미래농업은 Bio Technology와 결합하여 단순히 농사만 짓는 시대가 아니라 농업을 미래성장산업으로 이끌어나갈 것이다.

미래의 농산물유통은 Farm to Home시대가 될 것이다. 모바일과 융합하지 못한 도심 속의 대형마트는 쇠퇴될 것이고, 그 자리를 Robot Farmer(로봇농군)가 농사짓는 무인농장과 도심 속 Vertical Farm(공장형농장)을 운영하는 농업플랜트사업자들이 자율배송자동차와 드론으로 농장에서 가정까지 배송하게 될 것이다.

우리의 농업정책이 더 이상 표심 따라 움직이는 농사정책이 되어서는 안 되는 이유이다. 농업은 농사가 아니다. 미래성장산업이다.

차례

제1장 농촌과 농업을 분리하여 투자하자

제 2 장 　미래 농업

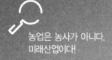

농업은 농사가 아니다.
미래산업이다!

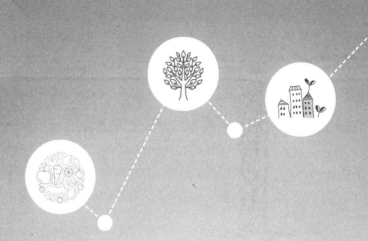

농촌과 농업을
분리하여 투자하자

농업은 이제 4차 산업혁명의 중심에 서 있다. IT, BT, 로봇농군(Robot Farmer), 빅데이터(Big Data), 센서(Sensor) 등 AgriTech기술과 융합하여 첨단미래농업으로 발전하고 있다. 무인농장, 공장형농장(Vertical Farm) 등 IT 기반 첨단농업분야와 종자산업, 발효산업, 곤충산업, 바이오의약산업 등 농·식품생명과학분야의 세계적인 기업들이 성장하고 있다. 4차 산업기술의 활용은 농산물의 생산성을 높일 뿐만 아니라, 축적된 데이터를 인공지능으로 분석하여 농산물의 수요예측, 날씨예측, 작물성장관리, 토양관리 등 정밀농업시대를 예고하고 있다. 또한 로봇농군들이 지구 곳곳의 농지에서 파종부터 수확까지 농사를 짓는 무인농장시대가 다가오고 있다. 바이오테크기술을 활용한 농·수·생물자원의 응용분야는 황금보다 비싼 종자산업 선점을 위한 무한경쟁시대에 돌입하였고, 바이오에너지, 홈케어산업, 식·음료산업, 효소산업, 바이오의약품산업, 환경정화산업까지 생물자원의 중요성이 높아지고 있다. IT, BT산업기술의 활용은 농업을 단순히 농사만 짓는 시대가 아니라 첨단산업화하여 미래성장산업으로 이끌어나갈 것이다.

농촌과 농업을 분리해야 할 이유가 여기에 있다.

농촌의 고령화, 공동화현상은 피할 수 없는 현실이다. 이는 우리나라뿐만 아니라 전 세계적인 현상이다. 정부는 농촌 고령 농민들의 생활안정을 위한 소득보전대책을 세워 농촌을 지원해야 하고, 소득

향상을 위한 연구와 투자 등의 기본정책은 지속적으로 유지되어야
한다. 통계청의 2017년 농림어업조사 결과자료를 보면, 우리나라 농
촌에 영세 농업인들의 고령화는 65세 이상이 42.5%로 2015년 대비
4.1% 증가하였고, 70세 이상의 고령인구 비중도 처음으로 30%를 넘
었다. 농촌가구 수의 감소와 함께 농가인구 또한 감소 추세다. 농가
의 가구소득 또한 도시 가구의 63.5% 수준으로 농촌 노인의 80%
이상이 경제적으로 불안정한 상태에 있다.

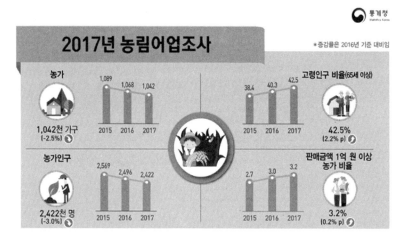

2016년 기준 우리나라 농촌 현황

농촌의 농가와 인구 수는 감소하고 있고, 70세 이상 고령농가의
수는 점점 증가하고 있다. 이러한 농촌의 현실을 극복하고 미래농업
을 위하여 경자유전의 법칙에서 벗어나 새로운 농업정책이 필요한
시점이 되었다. 우선, 농촌 고령농가의 생활안정을 위하여 정부는

농지연금제도의 가입연령 기준과 농지가격 산정을 현실화하고, 고령 농민들의 초기 부담을 완화하여 실질적으로 경제적 안정이 될 수 있도록 확대 시행할 필요가 있다. 또한 농지를 합법적으로 임대할 수 있도록 허용하고, 농산물 급여제도, 고향세 시행으로 고령 영세농업인들의 소득을 안정적으로 보장하여 산업화과정에서 소외되었던 농촌 지원에 최선을 다해야 한다. 한편으로는, 농지연금제도로 확보된 휴경 농지는 도시의 귀농 희망자 및 젊은 영농인들에게 저렴하고 합법적인 임대제도를 통해 농업의 공동화현상을 막아야 한다. 또한 도시민들에 대한 귀농과 젊은 농업인 양성을 위한 효율적이고 현실적인 현장학습 중심의 귀농대학 교육을 통해 도시의 은퇴자 및 실업자들을 농촌으로 유입할 수 있도록 정부와 지방자치단체가 나서야 한다.

농산물유통 측면에서 보면, 농민들의 어려움은 농산물 생산보다 유통에 있다. 우선, 다품종 소량생산의 특성을 가진 우리나라 농촌 고령 농민들의 안정적인 소득을 위하여 생산자단체를 조직하여 로컬푸드 직판장을 농촌지역 각 지방자치단체에서 앞장서 확대해 나가야 한다. 로컬푸드 직판장 확대는 농촌의 생산적 복지모델이 될 것이다. 한편으로는 지역별, 권역별로 로컬푸드 직판장의 개념보다 확장된 대량유통 중심의 농산물직거래유통센터를 건립할 필요가 있다. 우리나라 농산물유통단계는 5~7단계로 농산물 생산자보다 중간유통업자들이 더 많은 수익을 가지는 구조로 되어 있다. 정부가 지방자치단체와 협력하여 권역별 농산물직거래센터를 설립하여 농산물에 대한 제값을 받을 수 있도록 농산물유통시스템을 혁신해야 하는 이유다. 직거래센터는 농산물의 품질관리, 가공, 포장 및 브랜드화를 지원하여 도시의 대량소비자들에게 신뢰할 수 있는 농산물을 판매하는 곳으로 인식시켜야 한다. 직거래센터는 농민들에게 농산물에 대한 제값 받기가 가능하고, 대량소비자들에게는 복잡한 유통과정을 통한 농산물보다 신선하고 낮은 가격으로 구매할 수 있도록 해야 한다.

농민들의 소득안정에 기여 할 수 있는 또 다른 농산물 생산과 유통 그리고 수출 경쟁력 확보 방안으로 품목별 협동조합의 설립과 대형화를 적극 지원하여야 한다. 품목별 협동조합은 농산물의 생산, 유통, 가공, 수출 측면에서 경쟁력을 확보할 수 있어 농민들의 농가 소득 안정에 크게 기여하게 될 것이다. 세계의 경쟁력 있는 협동조합은 품목별 협동조합이다.

농업경쟁력이 곧 농촌의 경쟁력이다. 농촌이 잘살면 기약 없이 쏟아붓던 농업예산은 4차 산업 농업혁명을 위한 기초연구 및 응용 분야에 더욱 많은 예산을 투입할 수 있는 여력이 생겨나 미래농업의 경쟁력을 한층더 강화시킬 수 있게 될 것이다. 또한 농촌 영세 농업인들의 농가소득이 늘어나면, 정부는 농촌 농민들에게 지원해야 하는 농어촌 예산이 대폭 줄어들게 될 것이고, 농가소득 증가로 안정적인 농촌생활이 가능해지면 귀농인구는 증가할 것이고, 농촌의 공동화현상 방지에도 도움이 될 것이다.

　미래농업을 위하여 농업경제특구지역을 지정하여 산업자본과 농업벤처기업의 농업투자 기회를 확대하고 기업농을 육성할 수 있도록 정책의 전환 또한 모색해야 한다. 미래의 농업은 플랜트산업화될 것이고, 세계의 경쟁력 있는 농축수산식품은 보존기술의 발전과 첨단물류시스템의 발달로 전 세계 어디에서든 구매가 가능한 모바일 쇼핑의 시대가 될 것이기 때문이다. 미래의 농업은 농경시대의 농사가 아니라 4차 산업혁명시대의 중심이 될 것이다. 다만, 기업의 농업 진출은 농산물 생산, 가공, 수출 위주로 농업분야 성장을 이끌어 농촌에서 젊은 유휴인력을 흡수할 수 있도록 일자리를 창출하여야 하고, 젊은 귀농인 양성에 기여할 수 있도록 하여야 한다. 가까운 일본은 종합상사, 전자회사, 심지어 금융회사까지 농업에 투자하고 있다. 이미 세계의 자본들이 첨단기술을 이용한 농산물 생산과 가공, 유통에 투자하고 있고 앞으로 첨단농업은 지속적으로 성장할 것이다. 농업이 농사라는 인식에서 벗어나 미래산업으로의 정책적 전환이 시급한 이유이다. 다만, 기업의 농업참여는 기존의 영세농과 상생의 문제를 합리적으로 해결할 방안을 모색해야 한다. 일본의 경우 식자재 및 식품회사들이 농업유통법인에 출자하고 지역에 품목별 생산자조합과 연계하여 안정적으로 농산물을 구매하는 시스템으로 상생하고 있다. 기업농의 농업참여 조건으로는 농지의 부동산 투기 방지와 농지전용 금지법을 제정하여 농지의 절대감소를 방지해야 한다.

농·식품가공 산업의 해외 진출 또한 중요한 산업이다. 2015년 농림축산식품부 통계발표를 보면 국내 식품산업 규모는 192조 원이다. 통계치로 보면, 외식업 108조, 식품제조 83.9조 규모로 식품제조와 외식업이 비슷한 규모로 성장하고 있다. 국내 농·식품산업의 성장률은 성숙기에 있어 더 이상 성장률이 높지 않을 것이다. 왜냐하면, 국내 인구증가의 한계로 수요의 한계상황에 있기 때문이다. 이제는 수출만이 농·식품산업의 성장성을 담보할 수 있는 유일한 방법이다.

전 세계 주요 산업별 규모
(단위 : 10억 달러)

구분	2012	2013	2014	2015	2016	2017	2018	2019
식품시장	6,491.2	6,559.2	6,598.5	6,147.7	6,298.3	6,601.9	6,939.9	7,316.2
자동차시장	1,099.4	1,161.2	1,214.3	1,252.6	1,343.8	1,427.2	1,510.1	1,577.1
IT시장	1,332.7	1,394.9	1,507.9	1,606.1	1,712.6	1,821.7	1,933.7	2,048.5
철강시장	1,117.7	1,043.0	1,041.0	845.0	983.2	1,193.0	1,268.7	1,355.6

주: 2015~2019년은 추정치
출처: www.intelligence.canadean.com; www.marketline.com;
    www.datamonitor.com

농업의 산업화 측면에서 보면, 미래의 농업은 첨단 IT, BT 산업과 융합하여 첨단농업으로 변신하고 있다. 인공지능(AI), 통신, 농업로봇, Sensor기술, 드론, 무인농장, 공장형농장(Vertical Farm) 등 영농산업은 미래형 농업플랜트산업으로의 변신이 이미 시작되었다. 한편으로는 생명공학기술과 융합하여 유전학, 종자산업, 발효산업, 효소산업, 바이오의약산업으로 발전하고 있다. 우리나라 농업도 더 늦기 전에 농업의 산업화를 위한 정책을 과감하게 추진해야 한다. 농업의 미래산업 경쟁력을 위하여 기업농 육성을 위한 길을 터야 한다. 미래의 농업은 기업 투자 없이 불가능한 산업이기 때문이다.

미래 농산물유통은 농장에서 가정까지 Farm to Home 플랫폼시대가 될 것이다. 이전 단계로 신선식품 모바일장터를 운영하는 기업들의 성장세가 폭발적이다. 중국의 모바일 농산물유통은 규모와 성장성에서 우리를 훨씬 앞서가고 있다. 중국은 전 세계의 농수축산식품 생산현장에서 각 가정까지 첨단기술을 활용한 배송시스템의 구축과 O2O 신소매유통시스템을 전국으로 확장하고 있다.

우리나라 농업정책을 농촌과 농업을 분리하여 성장산업으로 육성한다면, 우리나라 농산물과 농·식품산업은 세계경쟁력이 충분히 있다. 농촌에는 고령화, 공동화현상 등 다양한 문제가 있지만, 2019년 농·식품산업은 7조 3천 억 달러로 철강, 정보통신, 자동차산업을 합친 시장보다 더 큰 시장이 있어 무한한 성장 잠재력이 있다.

우리나라 주변에는 비행거리 서너 시간 이내에 무려 20억 인구의 시장이 있다. 고품질의 농산물 구매력이 있는 중산층 인구도 중국 약 1억 5천만 명을 포함하여 일본, 러시아, 인도, 태국, 베트남, 싱가포르, 인도네시아, 말레이시아, 홍콩, 대만 등 무려 3억 명 이상의 공급가능한 시장이 있다. 중국의 징둥닷컴과 알리바바의 신선식품 자회사는 전 세계 농수축산식품을 생산현장에서 48시간 이내에 중국의 각 가정으로 배송하는 물류유통체계를 갖추고 있다. 이미 농수축식품시장은 한 나라의 시장에 제한받지 않고 팔려나가고 있다. 따라서 우리나라 농수축식품도 충분히 성장 가능한 미래산업이다. 다만, 우리 농업정책의 대전환이 필요할 뿐이다.

❶ UR 이후 정부의 농업예산과 정책은 지금 농촌과 농업을 지속가능한 산업으로 만들었는가?

우리나라는 공업화 이후 제조업 성장을 발판으로 세계 10위의 경제규모를 자랑하고 있다. 하지만 농업은 수십 년 동안 경제성장의 그늘에서 벗어나지 못하고 있다. 경제가 농업 중심이 아닌 2차 산업, 3차 산업 중심으로 성장해 왔고, 농촌의 젊은 인구는 도시로 대거 이동하였다. 하지만 농촌은 국민들의 식량 공급처 역할을 계속 해야만 했다. 그동안 정부는 2차, 3차 산업에서 이룩한 경제적 과실을 식량 공급처인 농촌을 정치적으로 판단하여 일시적, 소모적으로 지원하여 온 결과 지금 농촌의 현실은 고령화, 공동화되고 있고, 곡물자급률은 23%대로 낮아져 있다. 식량자급률은 47%대로 OECD회원국 중 최하위 수준에 있다. 향후 세계 곡물시장의 변동성에 대응할 능력이 없어 안정적인 식량 수급에 위협이 될 수 있음을 의미한다.

　수백조 원의 예산이 수십 년간 투입된 농촌지역의 현실은 더욱 심각하다. 농촌지역의 학교 폐교는 증가되었고, 고령인구들만이 사는 읍, 면, 군 지역의 소멸위험지역이 점점 증가하고 있다. 지금 이 대로 농촌의 현실이 지속된다면 10년 후에는 우리나라 농업이 식량 공급자 역할을 지속하는 데는 많은 어려움이 따를 것이다.

　이제는 농촌이 지속적이고 안정적인 식량공급처의 기능을 수행할 수 있도록 정치적, 소모성, 일회성 예산 지원을 중단하고 지방자치단체들의 현상황을 냉철하게 분석하여 생산적 대안을 마련할 때가 되었다. 지방의 소멸은 중앙의 공멸을 의미하기 때문이다. 이제는 지속가능한 농촌과 농민의 문제를 풀어 나가기 위하여 농업에 대해 솔직해져야 한다. 농업도 정치논리가 아닌 시장논리 범위 내에서 풀어야 한다는 의미다.

　1992년 UR(우루과이라운드) 이후 2008년 한미 FTA까지 정치논리 속에서 수백조 원의 예산을 농촌과 농업관련 기관에 투입해 왔다. 하지만 지금 농촌의 현실은 실효성 없는 무차별적 지원으로 보조금 수령자가 양성되고, 지속가능한 농업의 자생력은 약화되었다. 경자유전의 대원칙 속에서 우리나라 농업은 국제 경쟁력이 없는 산업으로 속단되고, 농민을 보호해야 한다는 정치논리와 정부의 보조에 의존하는 농민들의 의식이 오늘날 농촌의 현실, 농업의 현실을 만들었다.

　농업관련 연구개발비 또한 다양한 기관과 대학들에 분산, 중복
투자되는 문제가 있어 R&D의 결실이 지속가능한 우리 농업의 미래
경쟁력을 이끌어가지 못하고 있다.

　정권이 바뀌면 농정정책도 보완되었지만 실효성 없는 정책의 결
과는 같았다. 우루과이라운드부터 2001년까지 '42조 투융자계획'이
수립되어 문민정부에서 '신농정계획'을 명분으로 3년 앞당겨 집행되
었고, '농어촌특별세'를 신설하여 농업구조개선을 위한 계획을 실행
하였지만, 중·장기적 방향성 없이 일방적 보조와 지원으로 실효성
없이 끝났다. 국민의 정부에서 농업과 농촌 기본법을 제정하고, 농
업기반공사를 설립하여 쌀 생산 종합대책을 세우는 등 농업의 구조
적 문제해결에 나서 농어촌 투자계획을 수립하여 집행하였지만 과
도한 투자로 농산물 생산과잉현상이 일어나 농가소득은 오히려 감
소하는 문제가 있었다. 이 문제 해결책으로 직불제 도입을 실행하
였지만 농업의 국제경쟁력만 약화시키는 결과를 초래하고 있다. 농
업의 구조개선을 위한 다양한 지원정책에는 농업의 미래를 위한 방
향성과 일관성 그리고 지속성이 결여되어 영농주체의 약화, 농업생
산성 약화, 도·농 간 소득격차 심화, 농촌지역사회의 활력만 약화
시키는 결과로 귀결되었다. 참여정부는 현장농정을 중점과제로 선
정하여 중장기 농업·농촌의 비전을 담은 종합대책과 농촌의 현안
문제 해결을 위하여 '직불제 확대' 정책을 폈지만 농가에 대한 소득

이전 수단으로 인식되었을 뿐이었다. 이명박 정부는 수입쇠고기 파동으로 축산업계가 혼란스러웠고, 쌀 대북지원 중단으로 쌀값이 폭락하였고, 구제역과 채소파동으로 뚜렷한 농업정책의 결과는 없었다.

이처럼 수십 년간 수백조 원의 농업예산은 미래농업에 대한 뚜렷한 목표와 방향성이 없는 투자와 일관성 없고 지속적이지 못한 농업정책으로 농촌과 농업의 경쟁력을 하락시켜 왔다. 결과적으로 아직도 우리의 농업과 농촌은 경쟁력이 없어 지속적으로 지원해야만 하는 농촌으로 인식되는 현실에 직면해 있다.

이제는 전국 농어촌에 무문별하게 관성적으로 투입되는 각종 소모성 예산들을 농촌과 농업의 지속가능한 미래농업 경쟁력 향상을 위하여 생산성 있는 중·장기 사업으로 전환해야 한다. 그동안 농정정책으로 투자된 마을별, 권역별 투자사업 그리고 각종 토목공사, 엑스포, 박물관, 축제 등 다양한 지원사업들에 대하여 냉철하게 현황을 파악할 필요가 있다. 왜냐하면 지금 농촌에는 수십억 원, 수백억 원씩 투입되어 방치되거나 실효성 없는 각종 시설물들을 유지·보수하기 위하여 관리예산만 매년 지속적으로 투입해야 하는 사례들이 너무나 많기 때문이다.

2017년 행안부 "지방재정 365" 자료에 따르면 3억 원 이상 투입된 전국 축제·행사가 472건이다. 총 투입예산은 4,372억 원이다. 이 중 18.7%만이 수익으로 회수된다. 나머지 3,550억 원이 소모성 예산으로 사라지고 있다. 2014년 행정자치부(현 행정안전부) 집계에 따르면 전국 지방자치단체의 크고 작은 행사 및 축제 수가 만오천 건이나 된다. 대부분이 관주도형이다. 이렇게 비생산적으로 농촌지역에서 사라지는 예산이 매년 수조 원에 이른다. 이처럼 막대한 농업예산이 비현실적, 비지속적으로 무분별하게 투입된다면, 농촌·농업의 실질적인 발전에 방해요인이 될 뿐이다. 농촌과 농업의 미래를 위해 관성적 예산 편성과 집행에서 벗어나야 하는 이유이다.

이제는 1949년 입법화된 자작농 중심의 현 농지제도 개선이 필요한 시점이 되었다. 농사 중심의 사회체제에서 만들어진 농지 소유자만이 영농을 할 수 있는 농지제도를 개선하여 소유에서 경작 중심으로의 제도개선이 필요하다. 단, 농지의 이용은 농업 외 목적으로 이용할 수 없다는 원칙과 기업농의 과다한 소유를 제한하는 전제하에서 말이다.

법과 제도가 농지의 이용자 중심으로 바뀐다면, 농촌을 정부가 지원해야만 하는 대상이 아닌 스스로 부를 창출할 수 있는 산업으로, 기업으로 변화해 갈 것이다. 농지 임대차를 통해 기업농과 창농현상이 증가할 것이고 휴경농지의 이용률과 농촌 일자리가 늘어날 것이다. 또한 규모의 경제를 통한 농촌의 경쟁력은 높아질 것이고 농촌 공동화현상은 줄어들 것이다. 농업부문에 민간자본의 투자는 농산물 생산뿐만 아니라 유통, 물류의 대형화를 통하여 불합리하고

비효율적인 농수산물 유통구조의 변화를 가져올 것이다. 농업 경쟁
력은 높아져 수출산업으로써의 경쟁력도 갖춰 나갈 것이다.

　세계의 농업기업들은 무인농장, 공장형농장, 스마트농장을 위한
농업플랜트산업 투자와 농·생물자원을 활용한 의약품, 종자산업,
발효산업 등으로 농업을 미래산업, 첨단산업, 성장산업으로 인식하
여 투자하고 있다.

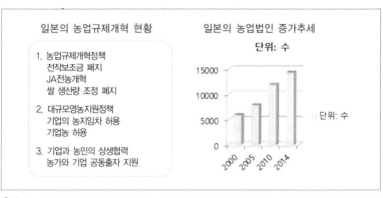

출처: www.maff.go.jp

일본의 농업경제특구 효과

　이제는 농업을 시장논리 속에서 경쟁력 있는 산업으로 발전시켜
국제 경쟁력을 향상시켜 나가야 한다. 농업을 농사로 보고 지원만
한다면 농산물의 국제 경쟁력은 상실될 것이고, 결국 미래에 우리
의 먹거리는 수입 농산물로 대체되어 오히려 우리 농업은 존립 자
체가 흔들리게 될 것이기 때문이다.

② 농업관련 기관과 대학 학과를 통·폐합하여 기초연 구분야와 응용산업분야로 나누어 미래농업의 국제경 쟁력을 향상시키자

세계 최대 농업기업 Monsanto(몬산토)의 2017년 매출액은 약 150억 달러이다. 바이엘이 2018년 몬산토를 인수한 금액은 660억 달러이다. Monsanto는 매년 14억 달러의 연구비를 사용하여 종자, 생명공학, 농업플랫폼 등 미래첨단농업분야 연구에 집중투자하고 있다.

출처: https://monsanto.com/Monsanto_Annual_Report

Monsanto 2017 연 매출액과 주당 이익

우리나라 정부차원의 2018년 R&D 예산은 약 19조 6천억 원이며, 이 중 농림수산분야는 1조 1,300억 원이 조금 넘는 수준이다. 세계적인 농업기업 한 회사의 예산에도 미치지 못하는 수준에 있다. 적은 예산마저 너무 많은 농업관련 기관에 분산 투입되고 있고, 정치적, 비효율적 영향 등으로 연구의 자율성마저 결여되어 있다. 실효적인 연구성과를 내는 데 걸림돌이 되는 부분을 제거하여 연구 환경을 보장해 주어야 한다.

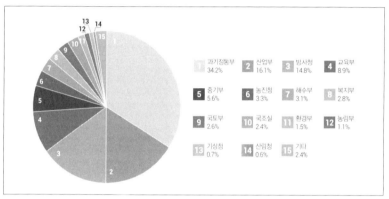

출처: 한국과학기술기획평가원

2018년 부처별 정부 R&D예산

한편으로는, 우리나라 농업의 미래경쟁력 확보를 위하여 농림수산분야에 매년 천억 원이 넘는 연구 및 개발 비용을 사용하면서도 큰 성과를 내지 못하는 요인인 각 기관별 중복투자, 비생산적 연구 등 현안문제들을 혁신해야 한다. 연구개발비를 지원받은 연구기관과 대학들은 우리의 농업현실과 미래 농업을 위한 냉철한 연구성과를 내놓아 미래농업 경쟁력을 향상시켜야 한다. 국가 농업 R&D예산의 상당부분을 독점하고 있는 농촌진흥청과 한국농촌경제연구원,

한국식품연구원, 농업기술원, 국립산림과학원, 그리고 지방자치단체의 농업기술센터 또한 우리나라 농업의 발전을 위한 효율적 연구와 역할을 하고 있는지에 대한 검토가 필요하다.

비효율적인 기관들은 통폐합을 통해 네덜란드 와게닝겐 UR연구소와 같이 농업경쟁력 향상을 위한 기초분야 학문연구와 응용분야 연구기관으로 역할분담을 나눠 재탄생시켜야 한다. 왜냐하면, 대학과 국가의 연구기관들을 통합하여 민간에서 당장 투자하기 어려운 장기과제, 즉 미래농업을 위한 기초연구에 집중할 수 있도록 충분한 연구비 지원과 함께 연구의 자율성을 보장해야 연구의 성과를 얻을 수 있기 때문이다. 기초연구를 통한 결과물들을 실용화시킴으로써 농업의 국가경쟁력은 물론 농업플랜트산업과 바이오생명과학산업 그리고 미래형 농·식품기업, 농산물유통기업, 민간기업농, 일반농가까지 경쟁력을 향상시켜 궁극적으로 국민복리 증진에 기여할 수 있기 때문이다. 전국 국립대학의 농과대학과 각 지방의 농업연구기관들까지 통폐합의 대상이 되어야 하는 이유이다.

과거 농사 개념으로 설립된 농과대학과 국가기관으로써는 무인로봇농장, 바이오생명과학 등 첨단산업으로 발전하고 있는 미래농업시대를 이끌어 가는 데 한계가 있다.

세계적인 기업들은 이미 생물자원, 종자산업, 발효산업, 유전자기술, 농바이오, 바이오의약산업 분야 등 농업을 중심으로 미래산업을 견인할 성장산업을 선점하기 위하여 장기적이고 지속적인 투자에 나서고 있다. 농·생물자원에서 의약품이 나오고, 환경문제 해결책이 나오고, 공업분야 상용제품까지 그 사용처가 무궁무진하게 발전해 나가고 있다.

네덜란드 와게닝겐 UR연구소는 농업, 임업, 생태 및 생명과학분야, 스마트팜, 식품연구와 상품화에 이르기까지 농·식품 관련 유럽 최고의 대학·연구 기관이다. 이 기관은 기초연구분야와 응용분야를 분리했지만 필요에 따라 한 울타리에서 서로 융합한다. 대학의 농업학과와 국가산하 연구기관을 합쳐서 농업의 장기 연구과제를 국가가 직접 수행한 결과 네덜란드 WUR은 세계적인 농·식품 연구기관으로 성장하였고, 세계적인 식품 및 관련기업들이 기업 부설 연구소까지 설립하여 농·식품산업클러스터가 만들어지는 효과까지 얻게 되었다.

효율적이고 실용적인 시스템이 결과에 얼마나 엄청난 영향을 미치는지 잘 보여주고 있다. 우리의 농업관련 대학과 연구기관이 가야 할 방향에 좋은 벤치마킹 대상이라 하겠다.

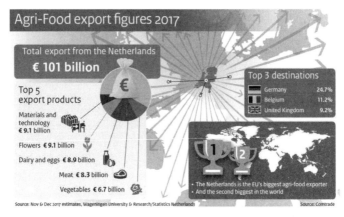

출처: https://www.wur.nl

네덜란드의 2017년 농업 5대 품목 수출현황

　네덜란드 농산물 중 전 세계 화훼시장 점유율은 세계 1위이다. 씨드밸리를 통한 종자산업 또한 네덜란드 농업의 핵심이다. 세계 원예종자의 40%, 감자종자의 60% 이상이 네덜란드산이다. 네덜란드 Rijk Zwaan은 세계 상위 10위 내에 있는 종자기업이다. 종자산업분야에서 미국, 독일, 중국의 종자회사들이 세계시장의 75%를 점유하고 있다. 종자산업은 미래농업의 핵심산업이다. 최근에는 IT · BT 등 첨단농업분야에 대한 협력을 위하여 와게닝겐 UR연구소는 아인트호벤공대 등 다양한 공과대학들과 협력으로 무인농장 등 4차 산업 농업혁명에 관련된 미래첨단 농업연구에 박차를 가하고 있다. 이와 같이 네덜란드는 전체 경제에서 차지하는 농업의 역할을 지속적으로 강화하기 위하여 노력하고 있다.

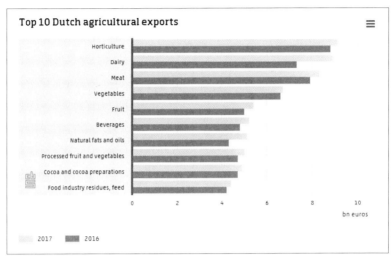

출처: https://www.wur.nl

네덜란드 농산물 수출현황

　　와게닝겐 UR은 대학과 기업 그리고 인·허가 및 공공기관이 상
호 상시적 소통과 협의를 통해 맞춤형 연구 프로그램을 수행함으로
써 산업적, 경제적으로 실용적인 부가가치를 창출할 수 있는 연구
를 진행하고 있다. 즉, 농업 기초연구나 식품산업 설계를 할 때 농
산물의 재배, 보존, 가공, 유통 판매경로까지 부가가치를 고려하여
연구하고 협업한다. 이는 세계 최대 규모의 농·식품연구 클러스터
로 성장한 푸드밸리와 와게닝겐 UR이 탄생하게 된 중요한 이유 중
하나이다. 우리나라 농업관련 기관과 대학도 와게닝겐 UR연구소처
럼 미래지향적이면서 실용적이고 현장중심으로 재탄생되어야 한다.

2.1 네덜란드 WUR(Wageningen University & Research)연구소의 경쟁력

Wageningen University & Research에는 세 가지 핵심분야 연구 영역이 있다. 'Society and well-being', 'Food, feed and biobased production', 그리고 'Natural resources and living environment' 분야 다. 미션은 자연의 잠재성을 탐구하고 인간 삶의 질을 향상시키는 것이 다. "건강한 식량과 생활환경" 연구를 위한 전문분야로 6개 대학원이 있다. 식물학분야 연구로 EPS국립대학원, 사회과학연구 중심의 WASS 와게닝겐사회과학대학, 생태학 및 자원보존 대학원인 PE&RC, 영양학, 식품기술, 농바이오기술과 건강학 연구를 위한 VLAG대학원, 동물과학 연구소인 WIAS, 환경과 기후를 연구하는 WIMEK연구원으로 구성되어 있다. 이외에도 자연개발연구, 지속가능한 공정연구, 경제사회사연구, 고분자연구, 과학기술문화연구, 교육연구, 촉매연구 등 다양한 연구분 야와 상호 교류하고 있다.

네덜란드 와게닝겐 UR연구소가 세계적인 농업대학과 연구기관으로 성장한 배경에는 국가연구기관과 농업대학을 통합하여 농업분야별 전 문연구를 세분화한 것과 예산편성 및 중복 연구문제의 해결이 있다. 대학과 연구원들의 기업가적 지식공유와 기술이전을 사회적 가치창출로 여기는 사명감과 함께 수요자 중심의 연구와 엄격한 국내 및 외부의 평가로 국제협력과 명성을 얻어 세계적인 농·식품기업들이 모이는 클러스트가 형성되었다. 1996년 네덜란드 농업연구기관의 문제점을 지적한 보고서와 미래 농업을 위한 결단력 있는 행정조치로 만들어진 와게닝겐 UR은 현재 세계적인 농·식품연구소 및 농업대학으로 재탄생되었다. 연간 연구 프로젝트 수가 사천오백여 건에 이르지만 정부의 연구비는 40~50%만 지원한다. 나머지는 이해관계자 및 민간 파트너들과의 계약을 통한 연구와 컨소시엄으로 다양한 농·식품기업들과 농업기업, 농가로부터 조달한다. 결과적으로 정부기관과 대학, 기업식품연구소와 협력, 협업 연구모델이 자연스럽게 만들어졌고 그 시너지효과는 대단하다. 2017년 농업분야 수출이 EU시장 내 1위, 세계 시장에서 미국 다음인 2위로 세계적인 농·식품산업분야 수출에서 강국이 되었다. 네덜란드는 GDP의 10%를 농업분야가 차지하고 2017년 농산물 수출액은 약 1,200억 달러로 우리나라 농산물 수출액의 18배에 달한다.

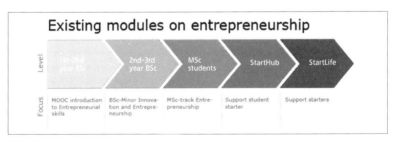

출처: https://www.wur.nl

WU 학생들의 기업가 정신 함양을 위한 단계별 프로그램

　교육부분은 학생들에게 기업가 정신을 자극하여 창업 또는 신생 기업을 지원하는 것이 WUR 가치 창출의 중요한 구성요소임을 강조한다. 더 나아가 WUR 외의 직원 및 신생 기업에도 농업식품분야의 시설과 지식 공유를 개방하고 있다.

　와게닝겐 UR 통합 이전의 네덜란드는 농업관련 연구기관들이 각자 전문분야 연구에만 집중하였기 때문에 연구의 중복현상이 심했고, 연구의 실용성도 많이 떨어졌다. 학생들의 농업에 대한 관심 부족으로 농과대학의 학생은 감소추세였다. 이에 대한 문제점을 지적한 보고서 하나가 오늘날 세계적인 농생명과학 연구기관을 탄생하게 한 배경이 되었다. 물론 의사결정권자들의 미래를 보는 결단과 문제해결능력이 없었다면 오늘날 세계적인 와게닝겐 UR연구소는 없었을 것이다. 현재 유럽 최고의 농업 R&D연구기관으로 우뚝 선 와게닝겐 UR은 1,200개가 넘는 기업연구소들과 지속적으로 소통·연구하여 농·식품산업의 부가가치를 창출하는 세계 최고의 농식품산업클러스터가 되었다.

출처: https://www.wur.nl

와게닝겐 UR 전경

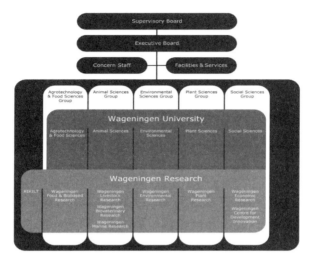

출처: https://www.wur.nl

와게닝겐 WUR의 5개 과학그룹

이 연구소의 가장 큰 장점은 기업의 신상품 개발에 대한 요구에 적극적으로 참여할 수 있는 연구체계와 산학연계체계를 갖추었다는 점이다. 대학의 기초기술 중심 연구와 Research센터 응용연구기관의 우수한 인력들이 가지고 있는 기초학문 및 기업의 현실적·실용적인 요구가 융합하여 부가가치를 창출하는 제품을 가장 빠르게 생산하고 있다. 이러한 현장중심의 실용적인 연구체계는 농·식품기술분야에서 세계적인 경쟁력을 갖는 배경이 되었다. 기업들은 이 연구소의 최신시설 이용과 전문인력들 상호 간에 쉬운 교류와 다양한 지원으로 제품생산이 빠르게 이루어져 푸드밸리, 씨드밸리 클러스트에 정착할 수 있었다.

이 클러스트에 참여한 기업을 보면 1869년에 설립된 도마토케첩으

로 유명한 세계적인 식품가공회사 Heinz 등 무려 1,200여 개의 기업
연구소와 기업들이 모여 푸드밸리를 형성하여 연 매출액만 500억 달러
에 이른다. 최근에는 전통 농·식품기업을 벗어나 4차 산업 트렌드로
첨단농업혁명을 선도하는 전자·정보·통신·금융 등 미래 농업을 위
한 융합 클러스트로 재탄생하기 위하여 많은 노력과 투자를 하고 있다.

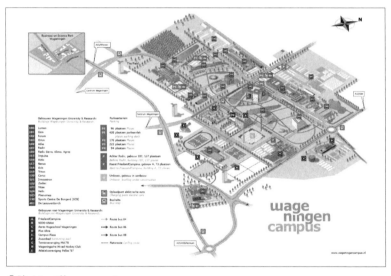

출처: https://www.wur.nl

와게닝겐 UR 캠퍼스

③ 세계에서 경쟁력 있는 협동조합은 품목별 협동조합이다

자유시장경제의 모순은 부의 집중에 있다. 유럽에서 시작된 협동조합은 부의 집중보다 상생의 경제학으로부터 출발하였다. 대주주의 의결권이 절대적인 주식회사는 회사의 이익을 극대화하여 주주의 이익으로 귀속시키는 데 그 목적이 있다. 하지만 조합 구성원들의 공동이익을 추구하는 데 목적이 있는 경제조직이 협동조합이다. 따라서 협동조합은 구성원 모두에게 1표의 의결권이 주어진다. 독점소유의 폐단을 원천 차단하고 조합원 공동의 이익과 요구를 충족시키기 위한 시스템이다. 독점 소유의 폐단만 차단한 우리나라 농협의 문제는 조합 구성원인 농민 소득 향상에 크게 기여하지 못한다는 데 그 문제가 있다.

지역 농민들의 소득 증대를 위해서는 현 농업협동조합 중심의 농산물유통구조 외에도 품목별 협동조합이 활성화되어야 한다. 장기적으로는 품목별 협동조합의 대형화로 국내 판로를 벗어나 세계인의 식탁을 위한 농산물 생산, 가공 및 유통 경쟁력을 확보해야 한다. 품목별 협동조합의 경쟁력 확보로 국내시장이 아닌 주변국의 농·식품 시장과 식탁까지 우리의 질 좋은 농산물을 공급할 수 있는 경쟁력을 갖춘 산업으로 성장시켜야 한다.

　세계의 경쟁력 있는 농산물협동조합은 품목별 협동조합이다. 뉴질랜드의 대형 품목별 협동조합인 'Fonterra', 'Zespri', 'Alliance', 'Silver Fern Farms' 등은 세계적인 경쟁력을 가지고 생산부터 가공, 유통, 수출까지 전반적 협력으로 농가소득에 크게 기여하고 있다. 품목별 협동조합은 농민 혼자가 아닌 생산자단체의 힘과 조합운영의 합리적인 경영시스템으로 운영되고 있다.

　우리나라 농민의 15% 수준에 불과한 네덜란드의 농산물 수출액은 우리의 18배다. 로열 플로라 홀랜드(Royal Flora Holland) 경매시장에서는 수만 품종의 꽃과 식물이 매일 100,000건 이상 거래되는 세계에서 가장 큰 국제 화훼시장으로 연 매출액이 47억 유로(약 6조 원)이다. 우리나라 농민들은 왜 이러한 수출농업을 할 수 없는가? 상호 신뢰의 문제에 그 답이 있다. 네덜란드는 농민 상호 간 신뢰의 문제를 체계적인 시스템을 통한 원칙적 관리로 해결하고 있다. 생산제품의 품질, 불합리한 요구 그리고 신용불량 농민들을 단호하게 퇴출시킴으로써 고객요구를 충족시킨다. 한편으로는 전문경영인이 협동조합을 경영하는 기업경영체계로 상호 신뢰의 해답을 찾아가고 있다.

　우리나라에서도 작지만 큰 성과를 내고 있는 사례들을 보면, 전라남도의 서남부채소농협은 양파와 마늘 위주의 농산물을 생산하여 자동 APC(농산물포장센터)를 갖추어 국내 대형 유통업체와 직거래할 뿐만 아니라 주변국까지 수출함으로써 조합원 공동의 이익을 극대화하고 있다. 우리나라 우유시장의 40% 가까이를 책임지는 대표적 품목별 협동조합인 서울우유는 국내 낙농가들이 만든 조합으로 연 매출액이 1조 5천억 원이 넘는 대형 조합이 되었다. 품목별 협동조합은 아니지만, 농산물 생산자 위주의 유통·판매 사례를 보면, 전라북도 완주의 작은 농촌에 완주 로컬푸드협동조합이 있다. 지역 농민 조합원 천여 명이 모여 만든 순수한 지역협동조합이다. 생산과 포장, 진열, 반품까지 모두 농민조합원들의 몫이다. 지방자치단체의 지원으로 가공센터, 공공급식센터, 다양한 농산물 생산자 단체들이 만들어져 직매장 운영이 늘어나고 있다. 가장 매출이 많은 매장은 연간 24만여 명이 방문하여 52억 원의 매출을 올리고 있다. 지역에서 생산된 신선한 농산물로 농가레스토랑까지 운영한다. 협동조합의 원칙인 공동의 이익을 추구하면서 성장하는 좋은 사례로 볼 수 있다.

이러한 작은 예를 보면, 우리나라도 품목별 협동조합과 지역별 협동조합의 성공 가능성은 충분히 있다고 판단된다. 하지만 2012년 말 협동조합기본법이 시행된 이후 2018년 말 현재 15,000여 개의 크고 작은 다양한 협동조합이 만들어졌지만 정부의 지나친 지원으로 무늬만 협동조합으로 수익 없이 정부 지원금으로 연명하는 협동조합이 많아 그 실효성이 의심스러운 문제를 안고 있다.

UN이 발표한 세계 협동조합현황과 해외의 품목별 협동조합이 잘 운영되는 나라들의 사례를 보면 다음과 같다.

각 나라별 협동조합의 경제지표 순위

순위	협동조합 경제지표
1	뉴질랜드
2	프랑스
3	스위스
4	핀란드
5	이탈리아
6	네덜란드
7	독일
8	오스트리아
9	덴마크
10	노르웨이

출처: The United Nations

농산물 수출에 강한 경쟁력을 가진 나라인 네덜란드, 덴마크, 뉴질
랜드의 성공에는 품목별 협동조합의 대형화, 전문화가 있었다.

해외 품목별 협동조합의 사례들을 보면, 덴마크 Danish Crown의
축산농가 회원들의 수익은 돈육을 전 세계로 수출함으로써 이익을 얻
는다. 축산농가들은 자신들이 주인인 조합에 확실한 판로를 확보하고
있고, 조합은 최대한의 매입가격을 보장한다. Danish Crown의 사업영
역은 4가지로 구성되어 있다. 첫째는 농업축산영역이다. 조합원들로
구성된 회원들은 양돈을 사육하여 조합에 출하한다. 둘째는 도축영역
이다. 최상의 위생시설을 갖춘 Slaughterhouse에서 신선육을 생산한
다. 셋째는 햄, 소시지 등 돈육가공 영역이다. 전체 생산량의 40% 정도

를 식품부분이 담당한다. 넷째는 Casings 영역으로 약 7%의 생산 포지션을 유지하고 있다. Danish Crown은 양돈 농가들의 연합으로 생산과 가공식품, 수출 그리고 도·소매까지 전 과정을 수직계열화하여 인구 600만 명의 작은 나라에서 세계적인 양돈 수출회사를 만들어 전 세계 돈육시장에서 강자가 되었다.

전 세계 농민들의 가장 큰 애로점은 농산물 생산보다 유통에 있다. 어느 나라 농민들이던 중간유통 상인들의 횡포를 경험한다. 프랑스 브르타뉴 지역의 농민들 역시 중간유통 상인들의 횡포에 시달리다 자발적으로 채소협동조합연합회를 설립하였다. 이 연합회의 공동 브랜드 "브르타뉴의 왕자"는 프랑스인이라면 대부분이 알고 있는 대표적인 농산물 브랜드이다. 프랑스 파리로부터 자동차로 4시간 거리에 위치한 지역에서 작은 협동조합들이 중간상인들의 횡포를 막기 위해 만들어진 연합회는 채소 공동브랜드를 만들고, 출하창구를 단일화하여 연 매출액 5억 유로를 달성하고 있다. 2,300여 채소 생산농가들이 연합하여 산지유통센터(APC), 산지출하경매시장 그리고 산지유통회사 운영을 토대로 체계화된 유통시스템을 가지고 있다. 브르타뉴 채소협동조합연합회는 채소의 출하시기와 출하물량을 조절하는 시설과 전략수립으로 가격 변동성에 대응하면서 대형 도·소매 유통업체와 거래할 뿐만 아니라 주변 나라에 수출까지 하고 있다. 특히 지속적인 시장변화에 대응하기 위하여 연구소 및 교육기관을 운영하여 일자리 창출에도 기여하고 있다.

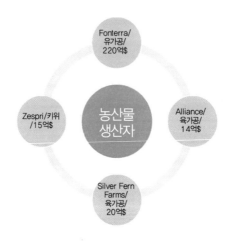

뉴질랜드 생산자 중심 품목별 협동조합의 매출현황

뉴질랜드 협동조합 발전의 역사는 낙농업 발전의 역사이다. 1871년 낙농업자들이 만든 치즈협동조합으로부터 뉴질랜드 협동조합이 시작되었다. 뉴질랜드 낙농가 농민들 또한 대자본가들의 횡포로부터 스스로 이익을 지키고, 농축산물 시장경쟁력과 수출을 위한 방안으로 기업화, 자본화가 필요하다고 판단하여 품목별 협동조합을 결성하여 오늘날 세계적인 협동조합으로 발전하게 되었다.

"Global Census on Co-operatives"의 2014년 UN보고서에 의하면, 뉴질랜드 협동조합은 GDP(국내 총생산)의 20%로 국가경제에서 중요한 비중을 차지하고 있다. 나라 전체 인구의 25%는 매일 어떤 형태의 협동조합과 거래를 한다는 뜻이다.

뉴질랜드 최대 협동조합인 Fonterra는 연 매출액이 220억 NZD(뉴질랜드 달러)에 이른다. 뉴질랜드 낙농가의 90%가 조합원으로 전 세계

140여 개국에 유제품을 수출하고 있다. Fonterra는 글로벌 진출에 필요한 자금조달을 위해 조합운영에 투표권이 없는 펀드를 주식시장에 개방하고, 확보된 자금으로 중국 등 주요 Global 시장에 진출하여 세계적인 유제품 제조 및 유통회사로 성장하였다. 뉴질랜드 2위 낙농협동조합인 The Alliance Group은 연 매출액 14억 NZD로, 육류 수출은 물론 전 세계 양고기 무역의 15%를 거래하고 있다.

뉴질랜드 품목별 협동조합 현황　　　　(단위 : NZD(뉴질랜드 달러))

협동조합명	제품류	매출액/년	비고
Fonterra	유제품	220억	뉴질랜드 최대협동조합 세계 3위 유제품조합 1만여 낙농가조합
SILVER FERN FARMS	육가공	20억	뉴질랜드 최대 육가공조합 1만 6천여 축산농가조합
Alliance Group	육가공	14억	뉴질랜드 2위 육가공조합 세계 양고기 15% 무역
Zespri New Zealand Kiwifruit	키위	15억	협동조합형 주식회사 뉴질랜드 키위수출창구
Farmlands co-operative	농기자재	25억	최대 농장주 조합 농기자재, 농장, 금융 사업

　세계 협동조합의 경영에는 수많은 시행착오와 경영위기 그리고 갈등이 존재한다. 세계적으로 성공한 품목별 협동조합들은 문제해결 측

면에서 창의적이고 유연하게 대응하여, 시장경제에 신속히 적응하여 왔다. 우리나라 협동조합이 성장하기 위해서는 세계의 성공한 품목별 협동조합에서 많은 경영 노하우들을 배울 필요가 있다.

무엇보다 한국의 협동조합이 성공하기 위해서는 조합의 이익보다 조합원들의 이익을 우선하는 방향으로 가야 한다. 세계적으로 성공한 협동조합들은 생산자의 이익 보장을 우선하여 성장하였고, 결과적으로 오늘날 세계적인 기업으로 성장하여 자국 농산물 생산자들의 이익을 지속적으로 대변하고 있다.

한 가지 명심할 사항은 협동조합도 기업경영이다. 소비자들의 트렌드, 시대적 변화 그리고 지속적인 조합 내부의 혁신이 없다면 기업이 파산하듯 언제든지 파산할 수 있다는 사실이다. 우리는 협동조합의 장점을 활용하지 못하고 정치적 필요에 의한 무분별한 지원으로 부실 협동조합이 난무하고 있다. 2012년 '협동조합기본법'이 시행된 이후 국회 입법조사처 자료를 보면 정부 및 각 지방자치단체의 지원으로 1만 5천 개의 협동조합이 만들어졌다. 이 중 사업 운영은 53%에 불과하고 나머지는 정부 보조금을 노리는 겉포장만 협동조합이라는 분석이다. 실제로 우리나라 협동조합은 조합원들이 출자하여 공동의 이익과 수익을 내는 복지형, 기업형 모델이라기보다는 정부의 무분별한 지원을 노린 포장형 협동조합들로 정치성향까지 띠는 문제점을 가지고 있다. 서구의 협동조합은 엄연한 기업이다. 따라서 스스로 수익을 창출하지 못하는 협동조합은 퇴출되어야 하고, 퇴출은 당연한 시장경제원칙에 의한 것이어야 한다. 정부의 지나친 지원은 시장의 왜곡만 야기할 뿐이다.

우리나라 농업의 미래를 위해 품목별 협동조합이 필요한 이유는 한반도에서 가까운 중국이 이미 농산물 수입의 블랙홀 시장이 되었기 때문이다. 동남아시아 식탁들도 고품질의 우리 농산물을 기다리고 있다. 품목별 협동조합의 대형화로 생산, 유통, 제조, 무역 경쟁력을 갖춰야 우리나라 농업이 미래경쟁력이 있다. 농업정책의 방향전환이 필요한 이유이기도 하다. 농업정책이 방어적으로 지속된다면 우리나라 농업은 머지않은 미래에 분명 한계가 있을 것이고, 경쟁력마저 잃게 될 것이다.

3.1 폰테라 협동조합(Fonterra Cooperative Group)

세계적으로 농업 경쟁력이 강한 나라인 네덜란드, 덴마크, 뉴질랜드의 성공에는 품목별 협동조합의 대형화와 전문화가 큰 역할을 하고 있다. 세계적으로 경쟁력 있는 농산물 협동조합은 모두 품목별 협동조합이다. 뉴질랜드 한 국가에서만 세계적 기업인 폰테라(Fonterra), 제스프리(Zespri), 얼라이언스(Alliance), 실버 펀 팜스(Siver Fern Farms) 등이 있는데 모두 품목별 협동조합이다. 이들 기업들은 세계적인 경쟁력을 가지고 생산부터 가공, 유통, 수출, 해외 진출까지 수직계열화되어 농가소득에 크게 기여하고 있다.

Fonterra는 연 매출액 약 220억 뉴질랜드 달러로 전 세계 100여 곳에 지사 및 공장을 운영하면서 22,000여 명을 고용하여 뉴질랜드 총 수출의 25%를 차지하고 있다. 폰테라는 연간 200억 리터의 우유를 생산하고 생산된 우유는 치즈 및 버터 등 유제품으로 가공되어 95%를 한국을 포함한 140여 개국에 수출하는 세계 최대 낙농 수출기업이다.

출처: www.fonterra.com

폰테라협동조합 전경

이 세계적인 낙농전문기업의 주인은 뉴질랜드의 1만여 낙농농가들로 구성되어 있다. 이 협동조합의 조합원은 뉴질랜드 내 90% 이상의 낙농가들이다. 이들이 Fonterra 지분을 100% 가지고 있다. Fonterra의 성공과정의 역사는 시장경제원리 내에서 이뤄낸 생존투쟁의 역사이다. 1920년대에는 약 600여 개의 우유 생산공장이 난무하여 낙농가들의 소득은 불안정하였다. 오랜 기간 진통과정을 거쳐 1990년 농업개혁과 보조금 철폐정책 이후 살아남은 4개의 우유 생산공장 중 New Zealand Dairy Group과 Kiwi Co-operative Dairies 협동조합이 2001년 합병을 통해 오늘날 세계적인 낙농전문협동조합인 Fonterra가 탄생하였다.

Fonterra조합의 경영방식은 협동조합과 주식회사를 혼합한 형태이다. 대표위원회 운영조직은 지역별 35명의 대표로 구성되어 조합과 생산농가들의 분쟁을 조절하고, 품질 좋은 우유 생산에 관여하는 협동조합 운영체제를 가지고 있으며, 농민 9명이 참여한 13명의 이사회는 주식회사 운영방식이다. Fonterra는 협동조합임에도 불구하고 모든 조합원이 1인 1표를 행사하는 것이 아니다. 우유 생산량과 비례하여 차등비례방식으로 투표권이 부여된다. 4명의 사외이사는 선출직 이사들이 임명하고, 이사들의 임기는 보통 2~3년이다. 각 이사들의 임기가 만료될 때마다 선출하고, CEO는 이사들 중에서 1인을 선임한다. 최고경영자는 조합원들과 충분하고 원활하게 의사소통을 하기 위하여 'Fair Value Share'라는 정책기구를 운영하면서 조합원들의 의견을 충분히 들으며 문제를 해결하고 있다.

무엇보다 Fonterra의 성공은 철저한 품질관리에 있다. 조합원은 우유의 품질기준을 반드시 통과해야 한다. 기준에 미달된 우유는 폐기처분하고 벌금을 부과하여 우유 생산과정에서부터 철저한 품질관리를 한다. 따라서 모든 낙농조합원들의 우유가격은 동일하게 인정한다.

상하이식품박람회 Fonterra전시관

Fonterra는 2025년 세계 20억 인구에 자사제품 공급을 목표로 거대 중국시장에 진출하여 약 1억 5천만 명에게 자사의 제품을 공급하고 있다. 중국은 폰테라 우유 수출량의 4분의 1을 소비하는 아주 중요한 시장이다. 또한 네슬레, 맥도날드, 코카콜라, 도미노피자 등 세계적인 식품기업들과 다양한 브랜드 마케팅을 강화하면서 함께 제품을 개발하여 판매하고 있으며, 한국에서도 매일유업, 서울우유와 협업하고 있다. 제품개발 및 연구인력으로 400명 이상을 채용하고 R&D 연구비로 연간 1억 달러 이상을 투자하여 지속가능한 장기적인 조합 목표실현을 위해 노력하고 있다. 이와 같이 Fonterra는 품질 좋은 우유 생산과 브랜드 마케팅으로 소비자들의 충성도를 유지하고 있다. 한편으로는 다양한 유가공제품을 생산하여 부가가치를 높이고, 원유에서 단백질 원료를 추출하여 제품을 만들고, 음료수, 의료용 링거까지 제품을 만들어내는 혁신적인 기업으로 변모하고 있다.

3.2 브르타뉴왕자(Prince de Bretagne)

프랑스 채소브랜드 충성도 1위, 전 세계 5대 농산물 브랜드, 연 매출액 5억 유로, 연구소와 교육기관을 운영하는 프랑스 채소협동조합 연합회 이야기다. 전 세계 30여 개국과 연결된 시장다변화전략, 농산물 산지유통센터(APC) 33곳, 동시경매참여가 가능한 산지출하경매센터 3곳, 산지유통회사 50여 곳 등 브르타뉴왕자 브랜드 하나를 위한 생산과 유통 그리고 연구인력이 자그마치 3만여 명에 이른다. 조합원들은 프랑스 브르타뉴주에 위치한 채소협동조합연합회의 공동 브랜드인 브르타뉴왕자(Prince de Bretagne)를 사용해야 하고, 공동 품질관리규정을 준수해야 한다. 농산물 출하는 3군데의 산지출하경매센터를 통해서 한다. 이 브랜드를 공동 사용하는 협동조합은 7개지만 운영은 3개 그룹으로 통합되어 있다. 가장 규모가 큰 SICA de Saint-Polde-Leon협동조합이 중추적인 역할을 하고 있다. 이외에도 4개의 협동조합이 참여해서 만든 UCPT협동조합연합이 있다. 이 지역 2,300여 농가들이 심은 40여 종의 채소밭 경관의 아름다움은 그야말로 한 폭의 그림이다.

아름다운 농촌지역에서 영세농들은 생산된 채소가 중간유통 상인들의 횡포로 제값을 받지 못하고 중간상인들의 배만 불리는 현상을 극복하기 위해 협동조합을 결성하였다. 오랜 진통과 노력으로 조합은 경매방식의 산지출하시장을 조직화하여, 농산물의 품질관리를 체계화하였다. 또한 실물을 보지 않고 문서로만 경매에 참여할 수 있을 정도로 소비자 신뢰를 얻을 수 있도록 철저하고 원칙적인 운영규칙을 시행하고 있다. 더불어 모든 경매대금은 조합을 통해서 거래되어야 하고, 과잉생산과 가격하락을 막기 위하여 폐기농산물에 대한 보조금제도를 만들었다. 또한 홍보마케팅, 연구개발비용을 위한 자조금제도를 만들어 지속가능한 경쟁력 강화 시스템을 만들었다. 뿐만 아니라 과잉생산 농산물은 가공상품 원료로 공급할 수 있도록 농산물 가공센터를 갖추어 농민들의 손실을 최소화하는 노력을 하고 있다.

오늘날 세계적인 채소품목협동조합연합회가 탄생하게 된 배경에는 알렉시 구베르넥(Alexis Gouvernnec)이라는 젊은 청년이 있었다. 채소농가들이 생산한 농산물이 중간유통업자들의 농간으로 헐값에 팔려나가자 농산물생산자협회 회원 농가들에게 새로운 농산물 거래방식을 주장하였고, 극한투쟁과 진통과정을 거쳐 판매창구 단일화인 산지출하센터를 만들었다. 이 젊은 청년의 노력으로 분산되어 있던 채소생산자협회는 SICA라는 거대한 협동조합연합회로 통합되어 1,200여 명의 조합원들이 약 2만ha의 농지에서 35만 톤의 채소와 농작물을 생산하고 있다. 생산농가 65% 이상이 결정한 사항은 따라야 한다는 원칙을 가지고 있다. 1980년 이후부터 브르타뉴 왕자 브랜드 채소 산지출하센터는 실물을 보지도 않고 출하예고 문서로만 경매에 참여하는 정도까지 신뢰를 얻고 있다. 이 협동조합연합회의 지역발전과 고용 기여도를 보면, 생산 및 농산물출하센터에서 6,000여 명이 일하고 있다. 조합직원과 유통, 물류, 가공사업 분야 등 직간접적 고용이 2만여 명에 이른다. 이 협동조합연합회는 채소 생산으로만 지역경제에 기여한 것이 아니다. SICA협동조합연합이 중심이 되어 고속도로 건설, 통신망 구축, 대학 건립, 산업단지 조성, 해상교통 활성화를 정부와 협의하여 해결했다. 결과적으로 생산된 농산물의 유통을 원활하게 하였고, 지역민들의 생활편의를 높였다. 이제는 잘 갖추어진 인프라 시설이 있어 지역 농산물을 독일, 영국 등 세계의 나라들로 수출하고 있다. 하지만 동유럽국가들이 2000년대 초 유럽연합에 대거 가입하면서 값싼 농산물과 경쟁해야 하는 위기도 있었다. 브르타뉴 채소협동조합연합회는 농산물의 원산지표시제를 강화하고, 유기농 농산물과 미니채소 생산을 확대하여 시장 차별화전략으로 위기를 극복해 나갔다. 다른 한편으로는, 화훼 등 구근류 산업으로 생산품목을 다양화하여 채소시장 매출감소를 보완하고 있다.

현재의 이익보다 미래 이익을 중심으로 사업전략을 수립하고, 조합원들의 자발적인 참여와 젊은 영농인들의 역량강화를 통해 미래 농업혁신을 선도해 나가고 있는 브르타뉴주는 프랑스 전체 채소 생산량의 절반을 차지하고 있는 지역이다. 브르타뉴(Cerafel Bretagne) 채소협동조합연합회는 시장 확대를 위하여 Brand 마케팅에 집중하고 있다. 또한 지속적인 미래발전을 위하여 AgriTech분야인 육종연구소와 바이오기술연구소를 통해 신품종을 개발하여 생산성과 품질 좋은 종자를 농가에 지속적으로 보급하는 노력을 하고 있다. 시장의 신뢰를 얻기 위한 노력 또한 소홀히 하지 않고 있다. 농산물의 품질관리는 일차적으로 생산농가와 농산물 산지유통센터(APC)에서 하지만 Cerafel은 품질관리사를 산하 조합에 상호교환하여 객관적이고 신뢰성 있는 품질관리에 최선을 다하고 있다. 거래처 관리는 농산물 판매에서 가장 중요한 요소 중 하나이다. 대형마트, 도매상인, 수입업자 등 거래처 담당자들을 초청하여 농산물의 생산과정, 경매과정, 품질관리과정은 물론 시식회까지 다양한 방법으로 소비자들의 신뢰를 얻기 위해 노력하고 있다. 브르타뉴 채소협동조합연합회는 지속적인 시장 경쟁력 확보를 위하여 5개의 연구기관에 80여 명의 연구인력을 두고 연구개발에 많은 자금을 투자하고 있다. 오늘날 세계적인 품목별 협동조합으로 성장하게 된 배경에는 미래지향적인 농민들과 경영자들이 있었기 때문에 가능했다.

출처: https://www.brincedebretaqne.com;
https://princedebretagne.com

3.3 데니쉬 크라운(Danish Crown)

Danish Crown

인구 600만 명도 안 되는 북유럽의 부강한
나라 덴마크는 축산업 강국이다. 덴마크의 대
표적인 품목별 협동조합인 Danish Crown은 100% 조합원 소유의
Packer형 협동조합으로 6,830농가 조합원이 2천3백만 두를 사육하여

80% 이상을 전 세계에 수출하는 세계 최고의 양돈조합이다. 생산부터
가공, 유통, 수출까지 수직계열화되어 있고, 연 매출액 약 10조 원으로
조합원들과 함께 성장하는 품목별 협동조합이다. 돈육, 우육, 낙농제품
을 가공, 유통, 수출하기 위하여 양돈연구센터, 돈육연구소, 덴마크농식
품협의회 등의 협력과 함께 전문화된 9개의 자회사를 운영하고 28,892
명의 직원을 고용하고 있다.

출처: https://www.danishcrown.dk/

Danish Crown 전경

　　Danish Crown은 매출의 53%가 Fresh Meat에서 일어나고 있고,
40%는 Foods부분에서 그리고 7%는 Casings부분에서 올리고 있다.

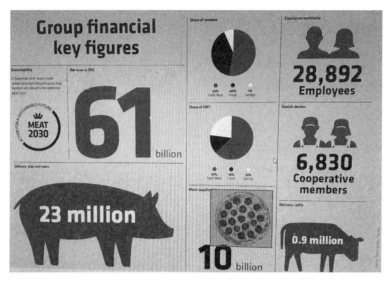

출처: https://www.danishcrown.dk/

Danish Crown 사업분야별 현황(2017~2018)

Danish Crown 협동조합의 경쟁력은 소비자 Needs를 읽고 품질로 승부하고 있다. 그 대표적인 예가 유기농라벨 도입이다. 최근 덴마크 동물사육환경은 무항생제 사용 농가가 점점 증가하고 있다. 사육 동물의 과다한 항생제 사용으로 인간의 건강까지 해치는 문제점을 방지하기 위하여 사육이력 추적제, HACCP, 사육환경개선, 항생제 사용억제 등으로 조합원들의 생산환경을 엄격하게 강화하여 관리하고 있다. 덴마크는 도축장의 도축환경과 수의사들의 참여로 세계에서 가장 엄격하게 검사하는 나라 중 하나이다. 수의사들의 검사과정은 반드시 독립된 기관에서 하도록 하여 객관성을 담보하도록 한다. 목적은 소비자 안전과 제품의 신뢰성이다. 미래의 육류생산은 소비자의 건강은 물론 지구 환경까지 고려하여 생산시스템을 구축하지 않는다면 지속적인 존속이 어려울 것이다. Danish Crown은 2030년까지 생산과정의 환경오염부 터 가공, 포장, 유통 전 단계에서 발생하는 환경오염원을 지금의 절반 정도로 줄이는 노력을 하고 있다. 2050년이면 지구환경에 전혀 영향을 주지 않는 완전한 환경을 목표로 하고 있다. 이와 같이 선진 가축사육 은 생존을 벗어나 미래 지구환경까지 고려하는 비전을 가지고 있다. 우리나라가 얼마나 초라한 관점으로 가축사육에 접근하고 있는지 깊이 새겨야 할 부분이다.

Danish Crown 조합원은 사육두수의 80% 이상을 협동조합에 출하 해야 하고, 가격 결정을 조합에 위임하여 조합의 지속적 존속의무를 져 야 하고, 조합 출자의무와 유한책임 의무를 가진다. 조합원들은 1인 1 표제, 가입과 탈퇴를 자유롭게 하여 조합원들의 권리를 보장하고, 출하 량만큼 출하시점에 동일한 가격으로 모든 출하조합원들은 정산을 받는 다. 조합원들은 안정적인 판로 확보와 함께 조합의 공동소유자로서의 권리를 갖는다. 이와 같이 조합원들의 권리와 책임을 명확히 하여 조합 과 조합원들의 상호이익을 증대시키고 있다.

Danish Crown의 최고의사결정은 2개월에 한 번 열리는 이사회에 서 한다. 하부의사결정 구조를 보면, 돈육 6개 지역구와 우육 6개 지역 구의 조합원들은 이사회에 자신들의 의견을 제시하는 지역구회의가 있 고, 우육 생산조합원들과 관련된 정보를 이사회에 전달하는 Cattle포럼

그리고 각 지역구 내에서 도축된 두수로 대의원을 배분하는 대의원회
는 조합의 정관과 법 규정 내에서 최고의 권위를 가지고 있다.

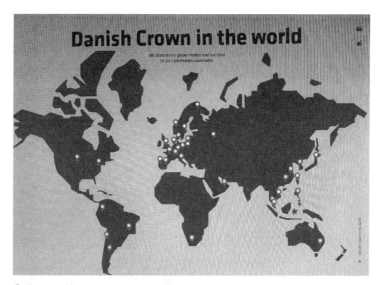

출처: https://www.danishcrown.dk/

Danish Crown의 전 세계 수출국 현황

④ 연해주와 동몽골의 광활한 대지에 농지 확보와 축산업으로 농업의 국제경쟁력을 키우자

우리나라는 곡물수입 세계 5위의 국가로 연간 1,400만 톤의 곡물을 해외에서 수입하고 있다. 전 세계에서 다섯 번째로 많은 곡물을 수입하는 국가이면서도 곡물 메이저 회사들과 곡물 투기자본이 주도하는 국제농산물 시장에서 그 역할이 미미하다. 특히, 국제 곡물시장의 가격형성에 종속되어 있기 때문에 그 어떤 역할도 할 수 없는 위치에 있다. 이러한 상황에서 기업들의 해외농지 개발사업은 국내 식량자급률을 높이고 해외농지를 식량기지화할 뿐만 아니라 농업경쟁력 향상을 위한 활로 찾기로 활용할 수 있다는 점에서 주목받을 만하다. 세계 곡물 파동에 취약한 구조를 가지고 있는 우리나라는 해외농지 개발과 국제 곡물거래를 통해 국제농산물시장에서 경쟁력을 확보해야 한다. 2018년 농림축산식품부 발표에 따르면 2017년 우리나라 식량자급률은 48.9%다. 사료용을 포함한 곡물자급률은 23.4%에 불과하다. 과거에 비해 지속적으로 자급률이 하락하고 있다.

GHI(Global Harvest Initiative) 2014 GAP Report에 따르면, 아프리카, 아시아 개발도상국가들을 중심으로 세계 인구는 꾸준히 증가하여, 2050년에는 90억 명이 넘을 것으로 예상하고 있다. 인구의 증가로 식량의 수요와 육류 소비는 지속적으로 증가하게 될 것이다. 또한 전 세계의 농지는 시간이 지날수록 희소가치의 투자처가 될 것이다. 다음

의 표로 보아 2030년 아메리카대륙을 제외한 중국, 동남아시아, 서남아
시아, 아프리카의 식량자급률이 매우 낮음을 알 수 있다. 특히 아프리
카와 서남아시는 자급률이 50%도 안 되는 심각한 식량위기에 처해 있
음을 보여주고 있다.

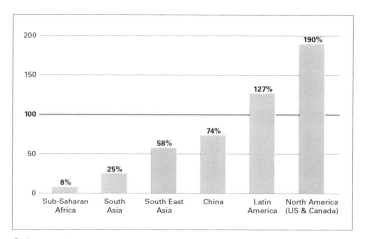

출처: www.globalharvestinitiative.org

2030년 주요 대륙별 식량생산성 대비 수요충족 비율

　　일본의 경우 곡물자급률이 우리와 비슷하지만 해외농지 확보로 식
량 자주율은 100% 이상이다. 국내농지의 3배에 달하는 해외농지를 확
보하고 있는 일본은 1960년대부터 해외농지 확보를 일관성 있게 꾸준
히 개발하고 있다. 결과적으로 일본은 해외농지에서 생산된 곡물을 들
여와 소비하기 때문에 국제 곡물가격변동에 대응할 수 있는 기반을 확
보하고 있다.

　중국의 경우도 식량안보를 아주 중요하게 다루면서 세계적인 종자 회사 신젠타를 인수하는 등 자국의 미래 식량안보문제 해결을 위해 심혈을 기울이고 있다. 또한 아프리카 대륙에 경제를 원조하면서 농업분야에 막대한 규모로 투자를 지속하여 미래식량자원을 확보하고 있다. 중국은 또한 국내적으로는 식량 소비량의 30% 이상을 비축하는 시스템을 구축하여 자국의 식품가격과 식탁물가를 조절할 수 있는 체계를 갖추고 있다.

　우리나라도 식량자급률과 자주율 문제의 해결을 위한 대안을 마련해야 한다. 2017년 곡물자급률은 사료용을 포함하여 23% 정도에 불과하다. 한반도의 좁은 땅 내에서 식량안보, 경자유전 원칙에 바탕을 둔 농업정책으로는 미래 식량부족 현상을 극복하는 데 한계가 있다. 아직도 우리의 농업정책은 쌀 보조금과 같은 현안문제에 농업예산의 상당액을 투입하고 있다. 하지만 세계 곡물시장 가격 상승과 우리나라 식탁의 물가는 비례관계가 된 지 이미 오래다. 밀과 사료용 일부 곡물에서만 나타나는 통계로 치부한다만 미래를 보는 혜안이 부족한 탓이다. 일본을 비롯한 중국, 미국, 프랑스 등 선진국들은 이미 해외농지 개발을 국가차원에서 전략적으로 투자하고 있다. 이제는 우리나라도 미래식량 자원 확보와 첨단산업이 결합된 새로운 농업의 미래전략을 수립해야 한다.

　세계는 지금 대형투자은행을 중심으로 수십 개의 농업전문펀드들이 미국, 캐나다, 호주 등 농산물 곡창지대뿐만 아니라 브라질, 중앙아시아, 아프리카까지 농지와 농산물의 투자로 막대한 수익을 거둬들이고 있다. 세계의 농업 선진국들은 이미 곡물비축센터에 곡물을 비축하면서 자국의 농산물 가격을 안정시키고 있다. 국토의 대부분이 사막지역인 중동지역 여러 나라들 또한 자국의 안정적 식량 공급을 위해 해외 농지를 확보하는 데 주저하지 않고 있다.

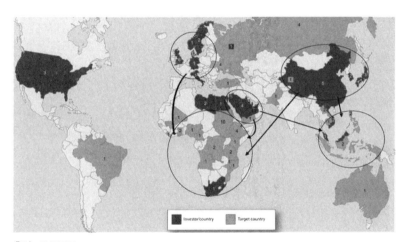

출처: UNCTAD

해외 농업투자 지역 및 국가 현황

미래의 농업경쟁력은 자본력이다. 선진 농업국가들 대부분이 자본력으로 농업 선진화를 이룩하였다. 이미 전 세계 농업전문펀드 규모는 150억 달러를 넘었고, 미국·캐나다를 비롯한 아프리카, 아시아의 곡창지대 농지를 매입하여 꾸준한 수익을 내고 있다. 세계의 다국적 기업들은 농산물 생산, 유통, 식품제조, 슈퍼마켓까지 농업 관련 수직계열화 경영에 천문학적 자금을 투자하고 있다.

우리나라도 2009년부터 해외농업개발사업을 추진하기 시작하여 2010년 농수산식품 전문펀드가 출범하였지만 펀드운영과 펀드규모 그리고 전문성이 약하여 큰 성과를 내지 못하고 있다. 해외 농업개발현장의 투자환경과 관련 법률 그리고 제도, 농법 등에 관하여 충분한 연구 없이 금융자본이 지배하는 농업 투자로는 한계가 있다. 농업의 해외투자 경쟁력을 위해서는 법과 제도, 유통체계, 그리고 언어·문화를 이해하는 현지화를 통해 농지확보와 농축산물 생산기지를 만들어나가야 한다.

국내적으로는 농·식품분야 금융 및 유통 전문인력 양성과 새만금 매립지를 활용하고 농업경제특구를 지정하여 농산물 수출의 메카로 만들어야 한다.

국내기업의 해외농업개발 진출현황(신고 기준)

진출 대륙	국가	업체 수	주요 작물
러시아	연해주(6), 로스토프주(1), 우수리스크 시(1)	8	밀, 콩, 옥수수, 보리
CIS	우크라이나(1), 키르기스스탄(3), 타지키스탄(1), 우즈베키스탄(1)	6	대두, 옥수수, 감자
아시아	중국(10), 인도네시아(9), 캄보디아(10), 몽골(7), 필리핀(5), 라오스(4), 베트남(3)	48	밀, 콩, 옥수수, 카사바, 감자
남미	브라질(3), 우루과이(1)	4	밀, 콩, 옥수수
기타	뉴질랜드(1), 호주(1), 마다가스카르(1)	3	옥수수

출처: 한국농어촌공사

대외적으로는 북방정책의 한 축으로 극동러시아 연해주와 동몽골지역의 농지개발을 통해 곡물생산량을 증대시켜 곡물자급률을 높이고 목축산업 기지화에 기업이 앞장서 나서야 하고, 정부는 농업의 국제경쟁력을 적극 지원해야 한다.

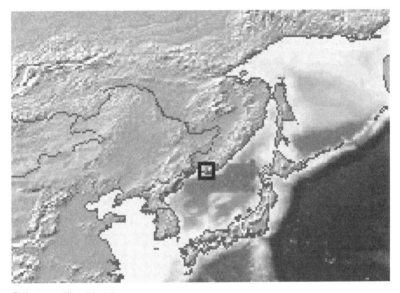

출처: https://fr.wikipedia.org

동몽골 · 연해주의 광활한 땅

우리는 동북아의 중심 연해주 그리고 동몽골의 광활한 대지를 주목할 필요가 있다. 러시아의 아시아로 불리는 유라시아 동쪽 끝 연해주는 역사적으로 발해의 일부였고, 우리의 선조들이 이미 터를 잡고 경작지로 활용하여 왔다. 1937년 중앙아시아로 강제이주할 당시 18만여 명이 살았던 땅으로, 현재도 고려인을 포함하여 약 5만 명의 동포들이 살고 있는 러시아 연해주의 광활한 대지는 한반도 크기만 하다. 하지만 연해주 전체 인구는 250만 명도 안 되기 때문에 농지로 활용 가능한 땅이 매우 많다. 연해주는 대부분의 사람들이 주도인 블라디보스토크와 우수리스크 등 몇몇 도시에 집중되어 거주하고 있고 나머지 땅은 허허들판이다.

이 광활한 땅 연해주에서 우리나라 축산업에 필요한 조사료를 생산한다면, 그 원가는 우리나라 수입조사료 대비 절반 정도로 저렴할 것이다. 현재 우리나라는 연간 80만~100만 톤의 조사료를 수입하고 있다. 조사료 생산뿐만 아니라, 연해주에서 목축업은 국제 경쟁력을 충분히 가진 것으로 판단된다. 우선 콩, 귀리, 옥수수를 비롯한 사료의 생산원가가 저렴하기 때문에 한우의 해외 생산기지로 충분한 비교우위에 있다. 연해주의 광활한 대지를 한우농장과 도축, 가공, 유통 및 수출 생산기지로 활용한다면 부가가치를 높일 수 있는 충분한 경쟁력을 가지게 될 것이다.

그 이유는 최대의 잠재적 육류 소비시장으로 성장하고 있는 중국의 중산층들이 이미 소고기 소비를 시작하였기 때문이다. 2017년 현재 중국의 수입으로 호주산 소고기는 품절상태에 있고, 미국의 소고기 가격은 10년 전 대비 2배 상승하고 있다.

▲ 지평선 위에서 한가로이 풀을 뜯는 들판의 소

1930년대에는 고려인 20여만 명이 살았던 연해주에서 엄청난 규모의 농지를 개발하여 농사를 지었다. 이제는 우리의 농업기술과 자본이 러시아와 공동연구를 통해 연해주 농업개발과 경제, 자원개발을 적극적으로 추진해야 한다. 연해주는 태평양으로 가는 대륙의 동쪽 끝으로 해외진출뿐만 아니라, 러시아 정부와의 대규모 경제협력으로 북한 인력파견과 판문점을 경유한 물자수송 요청이 성사된다면 북한의 노동력을 활용할뿐더러 남북의 평화안정에도 기여할 수 있을 것이다.

▲ 연해주 우수리스크 농작물시험재배 현장에서 저자

저자는 구소련 체제하에서 힘없는 나라의 백성으로 태어나 남의 나라 땅 연해주에서 핍박받고 온갖 설움을 받으며 살아온, 아픈 역사를 간직한 고려인 동포들을 돕는 봉사단체의 임원으로서 연해주를 자주 방문하였다. 이제 우리는 광활한 이 땅에 농산물과 목축업 생산기지를 만들어나가자. 우리나라 기업과 지방자치단체에서도 연해주의 농산물 생산기지화의 가치를 알고 오래전부터 투자와 시험재배를 하고 있다. 경상남도는 현지농장 50ha 규모를 임차해 경남도 농업기술원과 연해주 농업과학연구소가 공동으로 시험포(1ha) 운영에 들어가 19품종을 교환 시험재배하고 있었다. 현대중공업은 연해주에서 총 3천만 평 규모의 현대하롤아그로농장과 현대미하일러프카아그로농장 그리고 현대프리모리예농장을 운영하고 있었고 이들 농장에서 콩, 귀리, 밀, 옥수수 등 사료용 작물을 생산하여 국내에 들여오기도 하였다. 현대중공업의 연해주 농장은 롯데상사가 인수하여 콩, 옥수수, 귀리 등 3만 850톤의 곡물을 생산하여 국내에 7천 톤을 들여왔다. 향후 생산 곡물의 80%를 국내로 들여올 예정이다. 나머지는 중국 등 해외로의 수출을 계획하고 있다. 롯데는 연해주 농장을 교두보로 곡물 생산은 물론 목축업까지 농축산업의 해외 생산기지화를 계획하고 있다. 과거 적자였던 현대농장이 롯데상사 인수 후 흑자로 돌아섰다. 롯데는 제2, 제3의 농장을 계획하고 있고, 곡물저장시설과 두만강 인근 러시아의 작은 항구인 자루비노항에 곡물터미널을 건설하여 동북아시아에서 선도적인 곡물회사로 성장할 계획을 가지고 있다. 이외에도 연해주에서는 서울사료가 2008년 1만 2,000ha의 농장운영으로 매년 1만 규모의 옥수수를 수입하고 있고, 젖소 사육으로 원유를 수출하기도 한다. 또한 아그로상생농장, 남양알로에농장 등이 진출하여 농업에 힘쓰고 있고, 삼성전자를 비롯해서, LG전자, 대한항공, 우리은행, 대우인터내셔널 등 기업들이 진출해 있다.

출처: https://www.odakorea.go.kr

울란바토르시와 21개의 아이막

극동러시아 연해주는 Trans-Siberian Railroad를 이용해 유럽까지 시장을 확대할 수 있는 지역이다. 그뿐만 아니라, 블라디보스토크항을 통해 일본과 동남아시아 시장까지 농산물을 포함한 수출상품들을 운송할 수 있는 천혜의 입지를 가지고 있다. 두만강과 흑룡강 접경지역인 연해주는 남·북·러, 중국 3성 그리고 중앙아시아 지역까지 풍부한 인구와 자연자원, 광물 그리고 농산물에 대한 수요시장이 있기 때문에 우리의 북방정책의 핵심지역이다. 우리의 기술과 자본, 러시아의 광활한 대지와 풍부한 수량, 북한의 노동력을 활용하여 연해주의 광활한 대지 위에 대규모 농업경제지역을 개발하여 식량자원 확보와 농축산업의 국제경쟁력을 키워야 한다.

우리에게 또 하나의 기회의 땅은 동몽골이다. 한반도 크기의 7.4배이지만 인구는 300만 명이 사는 몽골은 전 국토의 80%가 목축지로 가축이 5,500만 마리나 되는 나라이다. 우리나라의 농업기술과 축산기술 그리고 몽골의 초원과 북한의 인력이 함께 동몽골에서 농업대국을 만들어나가자. 2000년 초부터 동몽골과 농업개발사업을 논의해 왔지만 본격적인 투자와 협력은 아직 이루어지지 않고 있다. 동몽골 지역의 농업경제개발은 다시 시작되어야 할 사업이다. 1990년 우리와 수교를 체결한 몽골은 농업과 경제협력을 자유롭게 할 수 있는 북방지역의 중간자적 위치에 있다. 두만강 유역 개발에 맞추어 신선철도 연결로 몽골의 숙원사업인 해양진출의 꿈을 우리가 실현시켜 줄 필요가 있다. 현재 TMGR(몽골종단철도)는 유럽으로 가는 유라시아 물류 라인과 동몽골 지역에 농업기지를 건설할 수 있는 교통기반이다. 1990년 초 유엔개발계획(UNDP)이 주도하는 국제개발협력사업으로 출발한 GTI(광역두만강개발계획)개발프로젝트는 남·북한과 중국, 러시아 그리고 몽골이 회원국으로 참여한 프로젝트였다. GTI프로젝트는 신선철도를 건설하여 물류수송을 위한 교통인프라를 확보하고, 환경보전, 에너지개발과 교역 및 투자 그리고 관광개발사업까지 추진하는 거대한 프로젝트였다. 불행하게도 이 거대한 프로젝트는 정치적 환경으로 중단되었지만, 남·북 화해협력평화시대에 이 프로젝트는 재추진되어야 한다. 우리가 철도를 기반으로 동몽골의 광활한 땅에 농산물 생산과 목축업을 위한 기반작업을 시작한다면 우리나라 곡물자급률과 식량안보에 큰 역할을 하게 될 것이다.

식품의약품안전처 자료에 의하면, 우리나라는 2016년도 총 263억 달러의 식품을 수입하였고, 2017년 상반기에만 수입한 식품은 130억 달러에 이른다. 미국에서는 육류의 수입이 21억 달러로 가장 많아 총 수입금액으로는 1위였고, 수입신고 건수는 중국이 단연 1위였다. 우리가 연해주와 몽골에서 경쟁력 있는 농축산물은 대두, 귀리, 옥수수를 비롯한 사료작물과 낙농 그리고 축산업이다.

앞으로 몇 십 년 동안 국제 쇠고기 가격은 중국이 결정하게 될 것이다. Mckinsey Global Institue는 2025년 중국 인구의 76%가 중산층으로 성장할 것으로 예상하고 있다. 2005년 이후 세계 육류 수요는 2025년까지 40% 증가할 것으로 예상된다. 육류의 소비는 곡물 수요의 증가를 의미한다. 쇠고기 1kg을 생산하기 위하여 7kg의 곡물이 필요하다. 반면 돼지고기는 4kg 및 가금류 2kg이 필요하다. 현재 중국의 GDP는 1만 달러에 이르렀다. 중국의 중산층이 곧 4억 명으로 증대되어 15억의 인구가 쇠고기 소비를 늘린다면 몽골과 연해주의 곡물 생산과 축산업은 세계 최고의 품질을 바탕으로 최고의 국제경쟁력을 가지게 될 것이다.

중국과 몽골은 접경지역에서 자유무역지대 프로젝트를 이미 시작하였다. 몽골은 거대한 중국시장과 광활한 러시아 시장을 접하고 있고 유럽으로 가는 길목에 위치한 내륙국가이다. 우리는 기업 활동이 보다 자유로운 동몽골의 광활한 대지 위에 농축산업의 국제경쟁력 향상을 위한 기반을 조성하여 동몽골과 연해주 지역에 한우사육 및 육가공공장 그리고 곡물 및 조사료의 생산기지화로 중국과 러시아 그리고 동남아 시장에 농축산물 및 육가공식품을 수출함으로써 국가 농업경쟁력을 확보해야 한다.

▲ 북미. 유럽. 중남미. 오세아니아의 세계 육류생산현장을 두루 방문한 저자

▲ 육류에 대한 기본지식을 위하여 취득한 국가기술자격증

5 학력과 학벌이 필요 없는 현장학습중심 귀농대학

2010년 이후 귀농·귀촌 현상으로 중·장년층이 농어촌지역으로 많이 이주하였지만 지역소멸의 위험에서 빠져나오기에는 역부족이다. 한국고용정보원이 발표한 "한국의 지방소멸 2018년" 보고서를 보면, 30년 후 전국 시·군·구 중 39%가 소멸 위험군에 속한다. 또한 전국 농촌마을의 3분의 1이 사라진다는 예측이다. 정부의 지역균형발전정책의 일환으로 공공기관 이전과 같은 물리적 수단으로는 지역 경제발전과 인구소멸 해결에는 다소 한계가 있다. 농촌의 읍·면·군 지역에 농업경제특구지역을 지정하고 지방중소도시에 규제 없는 기업특구를 신설하는 소프트웨어정책으로 기업과 인구의 지방이전을 유인해야 한다.

농촌지역에 학교, 문화, 의료 서비스 등 간접지원정책과 함께 현장 실습 중심의 귀농대학으로 미래농업과 농촌을 책임질 미래형 농업인을 양성하자.

무엇보다 농촌 공동화현상을 막기 위하여 귀농·귀촌을 위한 직접 지원으로 인구 수만 늘리려는 생각에서 벗어나야 한다. 농촌지역소멸 현상을 미연에 방지하기 위하여 학력과 학벌이 필요 없는 현장실습 위주의 귀농대학을 중심으로 농촌에 새로운 농업인을 양성해야 한다. 한편으로는 농촌지역에 학교, 문화, 의료 서비스를 지원하여 농촌지역에 거주하더라도 불편이 없도록 해야 한다.

귀농대학을 통해 젊은 농업인을 양성하고, 다양한 경험과 기술을 가진 도시민들의 귀농이 정착된다면 농촌의 공동화현상을 방지할 수 있을 뿐만 아니라 도시 실업자 해소 및 저소득층 문제 해결에도 도움이 될 것이다. 문제는 농업을 농사가 아닌 산업으로 어떻게 키울 것인가에 대한 정부의 농업정책에 젊은 농업인들과 도시민들이 긍정적으로 반응하도록 해야 한다. 다른 한편으로는, 농어촌 지역의 교육·의료, 문화의 갈증해소를 위한 정책이 동시에 시행되어야 농촌으로 이주하여 살고 싶은 귀농·귀촌인들이 증가할 것이고, 이는 농촌과 농업의 공동화현상을 방지하는 데 도움이 될 뿐만 아니라, 도시 실업자 문제해결에도 큰 도움이 될 것이다.

소멸위험 시·군·구 수

	'13년 7월	'14년 7월	'15년 7월	'16년 7월	'17년 7월	'18년 6월
전체 시·군·구 수	228	228	228	228	228	228
소멸저위험	41	30	24	20	16	12
정상지역	57	63	62	61	54	51
소멸주의단계	55	56	62	63	73	76
소멸위험진입	73	76	76	79	78	78
소멸고위험	2	3	4	5	7	11
소멸위험지역 소계	75	79	80	84	85	89
(비중)	(32.9)	(34.6)	(35.1)	(36.8)	(37.3)	(39.0)

주: 228개 기초지자체는 자치구를 기준으로 작성. 제주와 세종은 각각 1개 지역으로 계산
출처: 통계청, KOSIS 주민등록인구통계, 한국고용정보원 보도자료(2018.8.14)

　어촌은 더욱 심각한 현상을 보이고 있다. 어업에 종사하는 가구 수 통계발표 자료를 보면, 2013년 14만 8천여 가구에서 2017년 12만 2천여 가구로 약 10% 감소했다. 어업에 종사하는 젊은이들은 줄고 있고, 현재의 어업종사자들은 고령화되고 있다. 우리나라의 수산물 소비량은 증가하고 어촌으로 귀어하는 도시민과 젊은이는 줄어들어 2017년 우리나라 수산물 수입액은 51억 달러로 10년 전과 비교하면 2배 이상 증가했다.

　우리나라 농업의 발전은 농업관련 대학의 변화와 혁신 그리고 현장학습 위주의 농업교육에서 다시 시작되어야 한다. 우리나라 대학에서 농업관련 학과 졸업생은 연간 1만 5천 명이 넘는다. 농림축

산식품부의 자료에 따르면 졸업생 가운데 약 5% 정도만이 농업관련 업무에 취업하는 것으로 나타났다. 통계로만 본다면 전국의 농업관련 전문대학과 대학의 학과는 이미 경쟁력을 상실하였다. 매년 1만 5천여 명의 학생들이 시간과 돈을 수년씩 낭비하는 이러한 교육체계에 대한 책임은 정부에 있다.

대표적인 농업전문대학인 국립 한국농수산대학의 "2017년 졸업생 현황분석 결과"에 따르면 2017년 총 18기 졸업생이 4,360명으로 영농에 정착하는 비율이 85.9%에 이르고, 농가 소득은 8,910만 원으로 일반 농가소득의 2.4배, 도시근로자의 1.5배 수준으로 나타났다.(2014 소득기준, 한국농수산대학). 이러한 졸업생들의 성과는 학교의 설립목적과 현장학습 위주의 커리큘럼을 통한 실용적인 교육의 결과이다. 전 학년 학과과정은 이론과 현장학습을 병행하고 있고, 미국, 호주, 네덜란드, 일본 등 선진농업현장에서 장기적인 실습과정을 이수하면서 농업경영인으로 성장할 수 있도록 현장교육을 중시하고 있기 때문이다. 입학과 졸업 후의 목표가 뚜렷하고 현장 위주의 교육과정은 학생들의 관심과 학습효과도 좋아 실업계 고등교육에서 현장학습 위주 교육의 중요성을 잘 보여주고 있다.

우리나라 농수산업 발전을 위해서는 3단계로 농업관련 교육체계를 혁신할 필요가 있다.

첫째는 농업관련 산하기관과 대학 농업학과를 통·폐합하여 종자산업, 발효산업, 유전자산업, 농바이오, 바이오의약품산업 등으로 분류되는 농생명과학분야와 스마트팜, 버티컬팜, 무인농장 로봇산업, 식품가공산업, 무인자율배송 등 농업플랜트산업으로 분류되는 첨단농업 IT산업분야 그리고 해외농업개발과 투자를 위한 미래식량 개발사업 분야로 나눠서 한정된 예산을 효율적으로 투자해야 한다. 농업대학과 연구기관 통폐합의 목적은 미래농업을 위한 기초연구에 집중할 수 있도록 하고, 연구의 성과는 농촌과 농업 그리고 관련 기업의 제품생산을 위한 기반을 제공하는 데 있어야 한다.

정부는 농업의 경쟁력 향상에 기여할 수 있도록 지속적인 예산 지원과 함께 연구인력을 증원하고 연구환경을 개선하여 중·장기적인 연구과제를 보장하여야 한다. 기초연구 R&D 전문기관의 역할에 기업에서 투자하는 데는 한계가 있다. 따라서 정부의 농·어업 관련 연구예산은 중복연구 등의 문제점을 철저하게 배제한 후 지속적이고 장기적인 차원에서 지원해야 한다. 농업기술과 기초학문의 발달이야말로 미래 농업을 위한 중요한 초석이기 때문이다.

둘째는 특성화된 농업고등학교와 농업전문대학을 정부가 '정예농업 인력 육성 및 정착을 위한 지원 강화'와 '농수산업 후계 경영인 양성에 관한 법률'을 제정하여 설립하고 지원하여야 한다. 젊은 정예 농수산인 들이 대학을 가지 않더라도 농수산업분야에서 평생직장을 가질 수 있도록 현장중심의 경쟁력 있는 교육체계를 갖춰야 한다. 뿐만 아니라, 젊은 영농인들이 영농 관심분야에서 대학진학을 통한 공부를 더 하고 싶다면 지역대학 농업학과에 특별전형을 통해 진학할 수 있도록 하여 현장과 이론을 겸비한 농수산업 전문경영인으로 성장할 수 있도록 보장해야 한다. 또한 농업관련 규제 완화를 통해 농업경제특구지역을 지정하여 소멸위험지역인 농촌에 젊은 영농인들의 창농과 기업농이 활동할 수 있는 환경을 만들어야 한다.

셋째는 학력과 학벌이 필요 없는 개방적인 현장학습 중심의 귀농대학을 만들어 도시의 다양한 분야에 경험과 기술을 가진 귀농 희망자들에게 현장에서 농법을 가르쳐야 한다. 도시의 은퇴자들에게 귀농대학은 또 다른 직업과 새로운 인생을 설계할 수 있는 길이 될 것이다. 귀농인들이 귀농 전 영농기술교육이나 연수를 받았는지를 분석한 자료를 보면, 65% 정도가 받았다고 답하고 있다. 교육기관으로는 농업기술센터와 귀농교육기관이 대부분으로 조사되었다. 이외에도 대학과 농업법인, 직업훈련학교 등으로 나타나고 있다. 전국 지방자치단체에서 산별적으로 운영하는 귀농 프로그램의 문제점을 파악하여 권역별 귀농대학으로 확대 개편하여 보다 효율적이고 현실적인 기능을 강화하여 운영할 필요가 있다.

2010년 전후부터 각 분야에서 활동했던 도시민들의 귀농·귀촌 인구는 크게 증가하고 있다. 심지어 20대, 30대의 젊은층도 농촌으로 돌아가고 있다. 하지만 현실적으로 농촌에 귀농 청년들이 잘살지 못하는데 문제가 있다. 젊은 농업인 양성과 다양한 경험으로 축적된 도시민들의 귀농을 통해 농촌과 농업의 공동화현상을 방지할 필요가 있지만, 도시민들의 귀농 실패원인이 농촌 전원생활에 대한 막연한 동경에서 비롯된 경우가 많고, 철저한 준비 없이 귀농한 사례들이 많기 때문이다.

농촌경제연구원의 "귀농귀촌인의 정착실태 장기추적조사(2017)" 보고서에 의하면, 귀농 5년차까지 소득이 없는 가구가 30%에 이른다. 초보 영농인들은 농법을 모르고, 대부분은 큰 자본 없이 농촌으로 가기 때문에 자경농지 비율이 50%를 조금 상회하고 나머지는 임차 농업인들이다. 귀농인들의 농가소득은 연 1천만 원 미만인 경우가 33.1%, 3천만 원 미만이 약 70%인 것으로 조사되었다.

이러한 보고서 현황을 보면, 농촌으로 귀농하고자 하는 청년들과 도시민들의 농업창업을 돕기 위한, 학력과 학벌 그리고 학위가 필요 없는, 현장학습위주의 귀농대학이 필요하다. 귀농대학에서 첨단 농업현장을 체험하고 생산과 가공, 유통, 수출 등의 전 과정을 현장중심으로 교육시켜 농촌과 농업의 최전방에서 일하는 미래형 농업인을 양성해야 한다. 사회 각계각층에서 활동하고, 다양한 분야의 지식과 경험으로 무장한 도시의 다양한 직업군에서 일했던 경험이 풍부한 귀농·귀어 희망자들에게 농촌과 어촌에서 제2의 삶에 도전하는 환경을 만들어준다면, 도시의 저소득층 문제와 청·장년층의 실업문제 해결에도 상당한 효과가 있을 것이다.

현장학습 위주의 귀농대학의 성격은 다음과 같다.

첫째, 농업은 산업이다. 철저하게 현장실습 위주의 농업기술교육을 할 수 있는 농업인 양성교육 시스템과 농사 현장에서 지속적인 재교육 체계가 필요하다. 현재 정부와 각 지방자치단체에서 실시하는 농업인 양성 교육과정이 너무 많다. 교실에서 이루어지는 이론 강의에는 한계가 있고, 현장실습 교육의 부실로 농업기술이 집약된 고부가가치 농업 생산성 향상에 필요한 교육을 체계적으로 제공하지 못하는 문제를 안고 있다. 둘째, 개별적 시장접근보다 생산자단체인 품목별 협동조합을 통해 생산과 유통, 해외수출 그리고 소비자들과 직접 거래할 수 있도록 교육해야 한다. 이는 영세농이 90%인 현 농업인들의 소득 증대의 한계를 극복할 수 있는 방안이 될 수 있을 것이다. 품목별 협동조합으로 대형유통업체와 대형식자재공급업체, 공공기관 등과 같은 거래처에 안정적인 판로가 확보된다면 영농인들은 품질 좋은 농산물 생산에 집중할 수 있게 될 것이다. 다른 한편으로는 우량농지 확보에 길을 열어 농업의 규모화를 통해 경쟁력을 향상시킬 수 있는 방안을 마련해야 한다. 셋째, 해외 농업전문기관들과 연계하여 선진 영농교육을 받을 수 있도록 하고, 귀농대학 및 농업경영인들에 대한 농산물의 생산, 가공, 포장, 유통, 수출 등에 대한 지속적인 재교육으로 농가소득 향상을 이끌어 나갈 수 있도록 해야 한다. 넷째, IT, BT 첨단기술을 활용하여 무인농장, 스마트농장, 수직농장 등 현장에서 4차 산업 농업혁명의 미래방향을 교육해야 한다. 가까운 미래에는 4차 산업혁명의 중심에 농업이 있게 될 것이다. 아날로그 농법으로 4차 산업혁명의 농업을 따라잡을 수 없다. 농업은 더 이상 1차 산업이 아니다. 다섯째, 정부의 농지연금정책으로 확보된 고령 농업인들의 농지를 임차하여 집단농장화할 수 있도록 하자. 농기자재 등 개별적 직접지원금으로는 소농들의 소득 증대에 한계가 있다. 공동 생산과 공동 판매할 수 있는 제도적 기반을 만들어 귀농대학을 졸업한 농업경영인이 스스로 자립기반을 만들 수 있도록 제도적으로 뒷받침되어야 한다. 집단농장화는 영농희망자들을 위한 영농직업교육 현장으로 활용이 가능할 것이다. 여섯째, 개별 귀농인들의 안정된 소득향상을 위하여 로컬푸드 직판장과 같은 농산물 유통교육을 확대할 필요가 있다. 소농과 영세 고령농이 대부분인 우리나라의 특성상 안정적으로 농가소득을 얻기 위해서는 다품종 소량생산구조인 농촌의 현실에 맞는 유통구조가 필요하다. 로컬푸드 직판장은 우리나라 농촌의 현실에 맞는 농산물유통채널로 손색이 없다. 마지막으로, 사회 각 분야에서 다양한 경험을 가진 은퇴한 우수 인력들이 귀농대학에서 공부한다면 외국농산물시장동향, 해외첨단농업기술동향, 해외농산물 유통과 가공기술 등에 대하여 인적 정보교류가 가능할 것이다. 이들에게 선진 농업현장과 생산자조합 그리고 유통현장에서 일할 수 있는 제도를 도입하여 선도적 역할을 할 수 있도록 하자.

정부의 귀농, 귀어, 귀촌 정책이 직접적이고 단순한 자금지원으로 한정되어서는 성공할 수 없다. 농어민들 스스로 자립기반을 갖출 수 있도록 제도적 틀을 어떻게 만들어 나갈 것인가에서 답을 찾아야 한다. 농어업인들의 소득이 향상되어야 농어업에 종사하고자 하는 사람들이 증가할 것이기 때문이다.

▲ 2016년 일본 시민농원 현장에서 일본 지방자치단체 공무원과 함께 저자

　　일본의 농업도 농업인의 고령화, 후계자 부족으로 인한 농지의 황폐화, 공동화현상이 심각하다. 일본은 2015년 기준 65세 이상의 고령 농업인들의 비율이 65%나 된다. 이러한 문제해결의 방편으로 귀농. 귀촌에 관심이 있는 사람들을 대상으로 농사체험 프로그램들을 운영하고 있다. 가장 대표적인 것으로 시민농원이 있다. 시민농원은 독일의 클라인가르텐(Kleingarten)을 벤치마킹한 것으로 2016년 말 현재 65개의 체류형을 포함하여 4,223개의 시민농원이 운영되고 있다. 운영주체는 지방자치단체에서 54.0%, 농업협동조합이 13%, 농업인이 26% 그리고 기업 외 기타에서 8%를 운영하고 있다. 대부분은 텃밭형태로 운영되고 있으나 일부 농원에서 귀농이나 창농 전 단계로 체험할 수 있는 프로그램으로 운영하고 있다. 일본은 시민농원을 효율적으로 운영하기 위하여 "시민농원정비 촉진법" 및 "특정 농지 대부에 관한 농지법" 등의 특례에 관한 법률 등을 제정하여 시행하고 있다(일본 농림수산성 홈페이지).

또 다른 형태는 민간에서 운영하는 보다 적극적인 프로그램인 모쿠모쿠농장의 '농학사' 프로그램이다. 농업의 가치와 기능에 대한 생각을 더욱 구체화하고자 만든 귀농 프로그램이다. 이 프로그램 과정을 거쳐 보다 안정적으로 농촌에 정착할 수 있도록 돕는다. 모쿠모쿠농장은 일본에서 안전한 먹거리를 생산하는 농장으로 그 이미지가 아주 좋다. '모쿠모쿠 자연클럽' 회원 수십만 명이 활동하고 있고, 일본 농촌 및 농업활성화에 기여한다는 목표로 '농학사프로그램'을 운영하고 있다.

우리는 농촌 인구증가를 위한 단순 지원금 위주의 정책으로 지금 농촌에는 귀농인보다 귀촌인들로 몸살을 앓고 있다. 조용한 농촌마을이 각종 송사로 시끄럽다. 정부와 지방자치단체의 무조건적인 귀촌, 귀농정책으로 농사보다 지원자금을 받고자 하는 사람들이 늘어났기 때문이다. 보조금 수급 대상자들만 양산할 수 있는 귀농정책이 되지 않도록 바로잡아야 한다.

결론적으로 말하면, 정부의 귀농·귀어 정책은 현장중심으로 농업인을 양성하는 정책이어야 한다. 환경보존과 먹거리 안전에 책임의식을 가진 철학 있는 전문농어업인이 양성될 수 있도록 지원정책을 재정비할 필요가 있다. 정부와 지방자치단체가 지원하는 학력이 필요 없는 현장 위주의 귀농대학으로 전문농업인을 양성하여 농촌의 고령화 및 공동화 문제를 해결하는 방향으로 가야 한다.

5.1 모쿠모쿠농장의 농학사제도

모쿠모쿠농장은 새로운 뉴라이프스타일의 농촌 활성화 프로그램을 운영하고 있다. '오도이촌(五都二村)'이라는 슬로건으로 기존의 시민농원에 문화적인 과정을 담아 자연과 사람, 사람과 사람과의 관계를 보다 깊이 있게 생각하는 장소로 '농학사프로그램'을 발전시켜 나가고 있다. 운영형태는 1가구당 약 20평의 농지를 정해진 요금대로 임대하여 농작물을 재배하면서 전원생활을 즐길 수 있도록 설계하였다. 농장에 상주하는 직원들이 농사법을 교육하고 도와주면서 농촌과 농촌문화에 관심 있는 사람들이 함께 생활하면서 교류할 수 있도록 하고 있다. 풍부한 라이프스타일을 실현하기 위한 프로그램이다. 농사일을 통해 자연을 즐기고 인간관계를 생각하는 프로그램이다.

"슬로시티" "슬로푸드" "로하스" 등 뉴라이프스타일이 선진국을 중심으로 확산되어 도시생활에서 느끼는 물질만능주의와 인간성 상실에 지친 도시민들이 자연스럽게 농촌으로 돌아가고자 하는 현상이 늘고 있다. 이러한 추세에 따라 6차 산업의 사례로 우리나라에서 많이 인용되고 있는 일본의 '모쿠모쿠 팜' 농장에서 이루어지는 '농학사프로그램'의 특징은 단순한 농작물 생산에만 목적이 있지 않고 농촌과 자연이라는 철학적·문화적 요소를 이용하여 농촌과 농업에 대한 새로운 접근을 시도하고 있다.

출처: http://www.moku-moku.com

모쿠모쿠 농학사 프로그램 홍보자료

농학사 프로그램은 농업현장에서 농사짓는 방법을 체험하는 프로그램으로 농장에서 상주하는 직원들이 농법을 가르친다. 잡초 제거와 파종, 품목, 정보 등 농사에 관련된 전반적인 관리를 상주하는 직원들이 도와주기 때문에 초보농군들은 불편 없이 이 프로그램에 참여하고 있다. 기본적인 농기구 사용법 그리고 급수시설까지 불편함이 없도록 배려하고 있어 인기가 많다. 농사를 짓는 동안 힘든 부분을 해결하고, 마음의 안정, 치유를 목적으로 클럽하우스도 운영하고 있다. 조용히 책을 읽을 수 있는 서재, 홈 파티가 가능한 공간, 세미나 공간, 동아리 활동 공간 등 다양한 취미와 안정을 찾을 수 있는 공간들을 만들어 심신의 활력과 안정에 도움이 될 수 있도록 세심한 배려하에 만들어진 프로그램이다.

⑥ 농업경제특구지역으로 미래농업을 준비하자

　미래 첨단농업과 농업경쟁력 향상 그리고 식량자원 확보 문제를 해결하기 위하여 실시하는 농업관련 규제완화 정책은 농촌과 농민, 농업과 미래농업을 살리는 길이다. 이제 농업은 4차 산업혁명의 중심에 있다. IT, BT, 사람과 사물, IoT, 로봇농군 그리고 인공지능 등 첨단산업에만 있을 법한 문명의 발달은 전 세계 농업혁명에도 불어닥치고 있다. 무인 경작시대가 다가오고 있고, 땅이 아닌 도심 한가운데 공장형농장에서 농작물을 재배하는 보편적 시대가 성큼 다가와 있다. IT산업과 결합되지 않은 농장은 생산성과 비용증가로 경쟁력을 상실하는 시대가 되었다. 우리나라 농업정책에 혁신적 변화가 필요한 이유다. 또한 기업형 농업, 품목별 협동조합 등 농업의 규모화로 농사가 아닌 산업으로 주변국 시장과 식탁을 공략할 수 있는 경쟁력을 가져야 농업이 미래산업으로 성장할 수 있을 것이다.

　미래농업으로 가기 위하여 가장 우선적으로 규제해야 할 부분은 농지투기 및 농지전용을 방지하는 것이다. 농업 외 농지전용을 금지하고, 농지투기와 개발행위로 얻는 이익을 엄격하게 제한하여 농지의 무분별한 기업소유와 편법 개발행위를 법으로 제한해야 한다. 한편으로는 농산물 생산과 유통, 가공, 수출에 필요한 기업농의 진입장벽은 규제를 풀어 미래농업경쟁력을 확보해야 한다. 기업은 고령화로 발생하는 유휴농지 임차를 원칙으로 규제가 없는 농업경제특구지역에서 농업의 미래를 준비할 수 있도록 길을 터야 한다. 경쟁력 있는 기업들의 영농 진입은 4차 농업혁명 시대에 대비하기 위해 불가피한 현실이다. 농업은 더 이상 농사가 아니라, 미래산업이기 때문이다.

기업형 농업의 참여가 필요한 이유는 고령화로 인한 농업의 경쟁력 약화 요인과 시장개방의 파고 속에서 영세농의 한계를 극복해야 할 필요가 있기 때문이다. 또 다른 이유는 기업이 가지고 있는 자본력과 유통, 해외수출 그리고 식품제조기술로 부가가치 창출에 기여할 수 있기 때문이다. 다만, 기업의 농업참여는 불리한 여건에서 농업의 경쟁력을 확보해야 하는 차원으로 진입을 허용해야 한다. 또한 기존 농촌 영세농들과의 지역 농산물 판매를 위한 협력과 상생으로 지역민들의 수익향상에의 기여를 반드시 고려하도록 해야 한다. 지역 농산물 원료로 농·식품 개발과 유통, 수출에 전념할 수 있는 농업경제특구 지정은 농촌을 죽이는 정책이 아니라 농업을 살리는 역할을 할 것이다. 농산물의 해외시장 판로개척과 함께 지역의 젊은 영농인 양성과 취업, 농촌의 공동화 방지뿐 아니라 우리나라 농업을 산업으로 성장시키는 원동력으로 작용할 것이다.

국내 몇몇 대기업에서 한정적으로 이미 농업에 참여하고 있다. 매일유업은 고창군 낙농가들과 협력으로 '상하농원'우유를 생산하고 일본의 모쿠모쿠농장을 모델로 약 3만 평의 대지에 축산, 낙농제품 체험교실을 열었다. 농장에는 젖소목장, 햄·소시지, 치즈, 빵 등을 만드는 체험교실과, 지역 농산물 판매장, 친환경 농사체험, 공방,

지역농산물을 이용한 레스토랑 및 숙박시설을 갖추고 있다. 생산과 소비 교육을 한자리에서 하면서 지역 낙농가들과 협력으로 상하우유를 생산하고, 청년 일자리 창출에도 기여하고 있다.

출처: www.facebook.com/sanghafarm

고창군 상하목장에서 저자

CJ는 신의도 천일염 생산자들과 협력하여 신의도 천일염주식회사를 설립하였다. 2만 4천 평방미터에 달하는 큰 규모의 공장에서 소금 생산과 가공, 판매를 하고 있고, 한국인삼공사는 인삼재배농가들과 친환경 계약재배를, 농심은 홍천군 수라쌀 생산자들과 생산 및 유통 협력을, SPC그룹은 서울대 및 평창농협과 공동사업법인을 설립하여 서울대는 품종개량 및 연구개발을, 평창농협은 생산과 농작물 생산관리 그리고 SPC그룹은 농산물 구매, 유통 전반을 책임지는 등 기업의 농업참여로 다양한 형태에서 지역 농민들과 상생하고 있다.

상생협력으로 출발한 몇몇 대기업은 막대한 자금력과 경영기법을 이용하여 초기 출발한 상생협력보다 기업이익을 우선하는 행태가 나타나기도 한다. 하지만 기업의 농업참여를 무조건 반대하기보다 농업경제특구지역 지정으로 법적, 제도적 보완을 통해 기업이 농업에 기여하도록 길을 열어 지역농민들과 상생할 수 있도록 하여야 한다.

▲ 2016 도쿄 농업월드 EXPO 농업박람회 Nisssan 및 NEC 전시관

▲ 2016 도쿄 농업월드 EXPO를 방문한 저자

일본은 농업을 미래산업과 신성장동력으로 인식하고 각종 규제를 완화하여 이미 몇몇 지역에 농업경제특구를 지정하여 많은 기업들이 농업에 직간접적으로 참여하고 있다. 일본의 니가타시(に固し)와 효고

현 야부시는 농업전략특구로 지정되어 기업농을 위한 규제를 완화하였다. 이러한 규제완화로 기업농과 벤처농을 육성하고, 농산물 생산에 첨단농업기술을 이용하여 생산성 향상과 농산물 수출증가에 효과를 보고 있다.

니가타시의 쌀 생산에 대형 편의점 업체인 로손이 투자하여 농업생산법인 'Lawson Farm 니가타'를 설립하고, 전국 편의점에서 판매하는 삼각김밥 쌀을 생산하여 공급하고 있다. 일본의 3대 은행 중 하나인 미쓰이스미토모은행도 전자업체인 NEC그룹과 공동으로 농업생산법인을 설립하여 쌀과 농산물 생산

아베정권의 농업개혁

1. 보조금개혁: 쌀 생산보조금 폐지

2. 농협개혁(JA): JA전중의 사단법인화로 지역단위농협 지도감독권 폐지와 농산물 생산자재 및 유통시스템 개혁

3. 미래농업지원: 기업농의 농지임차 허용, 농업인과 기업 공동출자 및 연대 지원, 4차 농업혁명 대비 첨단화, 기업화, 인재양성 지원프로그램 강화

에 투자하고 있다. 이외에도 토요타, 소니 등 세계적인 대기업들도 농업투자에 관심을 갖고 투자하고 있다. 이들 대기업들의 농업투자는 첨단기술을 이용한 농산물 생산성 향상에 더욱 많은 관심을 가지고 있다.

일본은 2020년 무인농장시대를 현실화하기 위해 관련법을 정비하고 미래첨단농업시대에 대비하고 있다. 한편으로 일본의 농업개혁정책은 농업생산법인의 농지출자비율을 지분 50% 미만으로 상향하였고 심지어 농업전략특구지역은 50% 이상을 허용하였다. 농업경제특구정책의 시작으로 2015년 전국에 약 350여 개의 기업들이 농민들의 농지를

임차하여 농산물을 생산하고 있다. 도시바, 파나소닉, 후지쓰, NTT 등 대기업들이 자사의 제조공장들을 Vertical Farm으로 바꿔 신성장산업으로 미래농업을 집중 육성하고 있다. 농촌의 열악한 환경으로 농촌을 떠나는 젊은 영농인들의 정착을 위해 일본정부와 지자체는 원격의료시스템을 구축하고, 드론으로 의약품을 배달하는 시스템을 개발하는 등 농촌지역의 생활편의시설 확충을 위해 많은 투자를 하고 있다.

니가타시의 경우 NTT, ISEKI, 파나소닉 등 주요 기업들과 스마트농업기술을 연계할 수 있는 실증프로젝트를 추진하고, 2백여 식품관련 기업들과 니가타 뉴푸드밸리를 만들어 활발하게 움직이고 있다.

일본기업의 농업 진출

- 로손: '로손농장니가타' 자사 편의점 판매 및 김밥용 쌀 생산
- NTT도코모: 원격관리스마트농업, IoT, Sensor, 클라우드
- 소프트뱅크PS솔루션: 빅데이터분석시스템 농업SW프로그램 개발
- 후지쓰: Asisai 농작물 생산부터 판매까지 전 기능 클라우드서비스
- 토요타자동차: 농업 IT 관리솔루션 풍작계획 개발
- 미쓰이스미토모은행: 일본 3대 은행. 농업회사 설립. 쌀 생산과 가공
- 종합슈퍼체인 AEON: 이은애그리창조 설립, 쌀과 채소 재배

출처: 일본 내각부 지방창생추진 사무국

일본 국가전략 특구지역 지정현황

　야부시의 경우는 11개의 농업회사가 설립되어 대도시 청년들이 유입되는 등의 효과를 보고 있다. 일본의 농촌은 지금 농산물 생산에만 집중하지 않는다. IT산업과 영농산업을 접목하여 농업의 미래를 위해서도 다양한 정책적 뒷받침을 하고 있다. 이러한 측면에서 농업경제특구 지정은 많은 가능성을 보여주고 있다. 농민과 기업이 손잡거니, 농민들끼리 뭉쳐 스타트업을 만든 사례가 증가하고 있고, 농민과 기업들이 협력하여 첨단 IT기술과 로봇, 드론, 원격시설 관리 등 다양한 분야에서 창업하는 영농회사가 늘어나고 있다. 이처럼 일본은 미래산업으로 농업을 키우고 있다.

　이와 같이 일본은 농업경제특구지역에서 요구하는 규제사항들을 완화하여 지역별 특색 있는 미래 농촌과 농업을 만들어가고 있다. 기업은 농지를 임대 또는 소유하면서 농업생산법인 임원의 절반 이상을 영농 종사자로 하여 농민들의 기업참여를 유도하고 있다. 이러한 방안은 기업화된 영농수익을 농민과 지역사회가 함께 나눔으로써 자본의 농업지배에 대한 구조적 문제 해결방법으로 인식되어 많은 성과를 내고 있다. 세계는 지금 4차 산업혁명과 함께 농업혁명시대로 가고 있다. 농업은 더 이상 농사가 아니다. 미래산업이다.

6.1 일본 니가타시 농업경제특구정책

일본은 농업개혁에 과감하게 드라이브를 걸고 있다. 농업을 미래 신성장 동력산업으로 삼아 혁신적 변화를 촉진하여 농업의 국제경쟁력을 키우겠다는 전략이다. 몇몇 특정 지역을 혁신적 농업실천특구로 지정하여 기업의 농업투자를 허용하고 있다. 니가타시 전역도 그런 지역 중 하나다. 이곳에는 편의점업체 로손, 구보타, 오릭스, 세븐일레븐 등 대기업들이 농업에 투자하고 있다. 기업은 자본과 농업기술 그리고 유통, 농민들은 농지와 노동으로 상호 협력하여 침체된 농촌과 농업에 활력을 주고 있다.

니가타시에서 Lawson은 로손팜니가타 농업생산법인을 설립하여 쌀을 생산한다. 생산된 쌀은 로손이 운영하는 일본 전역 4천여 개의 편의점에 삼각김밥용과 소형포장으로 판매한다. 이외에도 MK니가타는 홍콩과 싱가포르, 몽골에 쌀을 수출하고, JR니가타팜은 지역 술 제조회사와 연계하여 일본 술을 상품화하여 판매하고 있다. 타쿠미팜은 미니 토마토를 생산하여 유통하고, 세븐팜니가타도 이 지역에 투자하고 있다.

농업경제특구 지정으로 활력을 잃고 있던 농촌지역에 기업과 농민들이 상호협력하여 농촌과 농민 그리고 농업을 살리고 있다. 더 나아가 니가타시는 푸드밸리 전략을 통해 고품질의 농산물과 높은 생산력을 추구하여 혁신적인 농업진흥지역으로 발전한다는 구상을 가지고 있다. 식품산업 발전을 위하여 산학연계를 적극적으로 추진하고, 농업생산물의 부가가치를 최대로 높인다는 전략이다. 이러한 노력으로 지역 일자리를 창출하는 효과가 있을 뿐 아니라 농업분야의 창업농이 자연스럽게 육성되고 있다. 또한 지역경제가 활성화되고 돈이 돌면서 농가레스토랑이 성업 중이기도 하다.

2018년 니가타시는 스마트농업 실증프로젝트를 시작하여 이 지역에 참여한 기업들이 가지고 있는 농업기술들을 활용하여 원격기술이 적용된 ICT 기반 이앙기 및 콤바인 등 스마트 농기계와 농업정보 및 영농관리 시스템을 개발하여 이용하고 있다. 농업기계회사인 이세키농기는 정보통신기술을 활용하여 농기계로 모내기와 수확을 하고, 센서 회사 SkymatiX는 드론을 이용하여 벼의 성장단계를 체크하고, 연간 농약, 비료 살포량과 수확량 등 농업생산이력을 작성하는 AgriNote를 개발한 Water Cell과 협력하는 공동 프로젝트를 진행하고 있다. 니가타시는 향후 농업로봇, 드론 등 첨단농업기술들을 개발하여 궁극적으로 무인농장 실현을 목표로 여러 기업들과 연계하여 4차 산업 농업혁명 프로젝트를 착실히 진행하고 있다. 일본의 농업은 2030년 무인농장을 목표로 농업경제특구지역에서 일관성 있게 다양한 실험을 진행하고 있다.

여러 기업이 연계하여 추진 중인 무인농장 실험

농촌의 문제는 정부도 농민들도 스스로 해결하기에는 난관이 너무 많다. 농촌과 농업을 살릴 수 있는 방안에 제한을 둘 필요도 없다. 기업과 농민들이 상호 잘할 수 있는 부분에 협력하여 상호이익이 되는 좋은 사례를 소개한다.

6.2 코카콜라와 농민들 간의 상생협력

아프리카 우간다와 케냐의 망고농사 농민들과 코카콜라의 아프리카 진출 이야기다. 아프리카 농민들은 많은 망고를 생산할 수 있었지만 판로가 없어 망고가 썩어서 버리는 일이 빈번했다. 코카콜라는 아프리카 망고주스 시장에 진출하고 싶었지만 원료수급에 문제가 있어 진출할 수 없었다. 코카콜라는 케냐 망고 생산농민들의 고민을 파악하고 케냐, 우간다 5만 명 이상 농민들의 수입을 두 배로 향상시킨다는 목표로 'Project Nurture'를 시작하였다. 코카콜라사는 빈곤문제를 해결하는 비즈니스솔루션 전문단체인 TechnoServe 국제비영리단체와 Bill & Melinda Gates재단과 협력하여 아프리카 농민들과 함께 새로운 시장을 창출하는 기회를 만들 계획을 하였다. 코카콜라가 이 프로젝트를 실현시키는 데 있어 가장 중요하게 여긴 것은 지속가능성이었다. 지속가능한 망고 생산과 농민들의 수익보장을 위해 농부들에게 망고재배기술을 교육하였다. 다음으로 생산자들이 힘을 합쳐 사업그룹(PBG)을 설립하도록 하여 질 좋은 망고를 지속적으로 생산할 수 있는 기반을 만들었다. PBG는 코카콜라 'Project Nurture'의 도움으로 16개 과일가공업체와 150여 개의 도매업체 그리고 수출업체와 직간접적으로 연결되어 유통함으로써 안정된 판로 확보와 안정된 수익을 창출해 나가고 있다. 이 프로젝트 덕분에 농민들은 안정적으로 망고를 판매할 수 있게 되었을 뿐 아니라 망고 생산량과 판매량이 두 배로 증가하여 농가소득이 크게 향상되었다. 코카콜라사 역시 망고주스 원료를 안정적으로 공급받을 수 있게 되어 상품 생산부터 제품 판매까지 소요되는 시간을 단축할 수 있었고, 아프리카 음료시장에 안정적으로 진출할 수 있게 되었다.

출처: https://www.technoserve.org

Project Nurture의 도움으로 망고 재배법을 배우는 농민

아프리카 망고 생산농민들은 처음에 그 누구도 코카콜라 기업의 말을 믿지 않았지만 이 프로젝트는 현재 5만여 명이 망고 생산자그룹에 가입되어 생산한 망고를 코카콜라는 물론 아프리카 10여 개국에 판매하고 있다. 케냐와 우간다 망고 농민들은 이제 더 이상 망고나무를 땔감으로 사용하기 위해 베어내지 않아도 되고, 오히려 망고나무를 더 심어 생산량을 늘려나가고 있다. 코카콜라도 농민들과 기업의 사회적 가치 및 기업이익을 위하여 지속적인 투자를 하고 있다.

6.3 Double A사와 농민들 간의 상생협력

우리에게 복사용지로 매우 잘 알려진 브랜
드 Double A는 태국의 회사다. 이 회사의
Khan-na Project는 태국의 농민들과 펄프를
만드는 Double A사와의 상생협력프로젝트다.
기존 자연림을 파괴하지 않고 펄프를 생산하여 환경피해를 최소화한다
는 창의적인 이 프로젝트는 펄프, 제지산업의 미래를 혁신하고 기업과
농촌이 새로운 공유가치를 창출해 내는 좋은 사례로 평가되고 있어 소
개한다.

Double A사의 모기업은 쌀과 열대작물인 카사바의 뿌리로 만든 녹
말가루인 타피오카를 생산하여 수출하는 회사이다. 모기업의 특성상
농민들과 접촉이 많아 농민들의 생활환경이 열악하다는 현실을 잘 알
았기 때문에 농민들의 생활환경개선과 환경피해를 최소화하면서 지속
가능한 상생프로젝트를 찾아낸 사업이 농사를 짓고 있는 농민들의 유
휴농지를 활용하는 아이디어였다. Knan-na Project는 이렇게 탄생되었
다. Khan-na는 논과 논 사이를 구분하는 논두렁을 의미한다. 농민들이
이 유휴농지를 활용하여 펄프나무를 심어 Double A에 판매하도록 한
것이다. 농민들에게는 특별한 투자가 필요 없고, 자연림을 파괴하지 않
아 환경을 보전할 수 있고, 기업은 제지원료를 안정적으로 확보할 수
있게 되어 그야말로 공유가치를 실현하는 데 좋은 아이디어였다.

Double A사는 농사에 피해를 주지 않으면서 제지용 펄프 생산에

적합한 'Paper Tree' 품종을 개발하여 Double A Paper Tree로 명명하고 이 묘목을 식재하여 농민들에게 5바트에 판매하여 유휴농지인 Khan-na에 심도록 하였다. 3년 후 나무가 펄프 생산으로 이용될 수 있을 때가 되면 농민들로부터 7바트에 다시 사들인다. 이 프로젝트로 생산된 복사용지는 포장박스에 'Paper Tree from Khan-na'라고 사진과 함께 표기하여 판매된다. 농민들은 Double A사의 이 창의적인 프로젝트로 농산물 생산 외에 부수입을 얻고 있다. Double A사 역시 펄프 원료를 안정적으로 공급받을 수 있어 농민들과 기업이 상생하는 공유가치를 만들어내고 있다.

이 프로젝트에 참가하는 농민들은 150만여 명으로 이들이 농사 외에 추가로 얻는 수익을 50억 바트(약 1,700억 원)로 추산하고 있다. 이제는 주변국까지 확산되어 방글라데시, 캄보디아, 라오스 등에서도 이 펄프나무를 심어 농가소득을 올리고 있다.

기업의 경영철학이 바뀌면 세상이 바뀐다. Double A사는 세계 복사용지 시장의 20% 가까이를 점유하고 있으며, 펄프나무가 자라는 동안 흡수된 이산화탄소량은 670만 톤으로 예상하고 있다. 제지를 생산하는 과정에서 발생되는 폐기물들을 이용하여 생산된 바이오에너지는 생산공장에서 사용하고 나머지는 40만 명의 지역주민들이 사용한다.

기업과 농민들의 이해가 항상 충돌하는 것은 아니다. 상생프로그램을 찾지 못하고 있을 뿐이다.

출처: https://www.doubleapaper.com/

Khan-na에 식재된 Double A 전용 Paper Tree

7 농산물유통직거래센터의 기능과 효과

농민들은 농산물 생산보다 유통이 더욱 어려운 것이 현실이다. 유럽연합(EU)은 농산물 생산자와 최종소비자를 연결하는 농산물유통 큐레이터제도를 정부가 주도하여 구축하고 있다. 농산물의 유통 단계를 중간유통 한 단계로 축소하여 농산물 생산자와 최종소비자들을 직접 연결하겠다는 의미다. 바이어(Buyer)가 생산자와 직접

접촉해 최종소비자와 연결하는 유통시스템의 구축은 세계적인 추세다. 농산물처럼 비탄력적인 가격구조를 가진 상품의 문제는 수요와 공급 예측이 어렵다는 데 생산 농가들의 어려움이 있다. 농산물의 특성상 풍작도 문제고, 흉작도 문제다.

정부는 전국 농촌에 농산물 저온저장 창고 건축비를 지원하여 잉여 생산물을 저장할 수 있도록 했지만 농산물 유통구조의 비효율성을 해소할 수 없을뿐더러 한편으로는 농산물 매점매석으로 중간 유통업자들이 이익을 챙겨 최종 소비자가격이 상승하는 부작용이 나타나고 있다. 축산물의 경우 도축비용, 등급판정수수료, 냉장운송 및 보관비용 등이 발생하면서 농수산물보다 더욱 복잡한 유통비용이 발생한다. 한우협회의 조사에 따르면, 한우 도매가격이 하락하면 소매유통마진은 오히려 상승하는 것으로 나타났다. 최종소비자 가격에 하락된 요인이 적극적으로 반영되지 않기 때문이다. 우리 축산업은 복잡한 유통단계 속에서 가격 거품현상이 있지만, 축산업 선진국에서는 Packer시스템, 즉 축산농가와 도축, 가공, 판매, 수출까지 조직을 패키지화하여 중간유통단계를 축소함으로써 축산업을 세계적인 기업으로 키워나가고 있다.

2016년 한국농수산식품유통공사(aT)의 34가지 농산물에 대한 유통실태 분석자료를 보면, 산지가격보다 평균 44.8% 더 비싼 가격으로 최종소비자들에게 판매되고 있다. 고랭지 무나 배추와 같은 채소류의 경우는 유통비용이 50%, 양파는 71.0%가 유통비용으로 나타났고, 다른 농작물들의 유통비용이 증가되어 전체적으로 높아진 것으로 나타났다. 닭고기는 51.7%로 높았고, 축산물 평균 유통비용은 44.8%로 나타났다.(2017, aT, 2016년 유통실태 종합)

　우리나라 농산물 유통단계는 평균 5~7단계에 이른다. 기후의 변화로 주요 농산품목 하나의 생산이 급격히 줄거나 늘어날 때 중간상인들의 적극적인 개입으로 일시적으로 가격이 폭등하거나, 폭락하는 경우가 비일비재하게 나타난다. 우리나라 최대의 농산물유통시장에서 가격 결정은 당일 경매되는 물량에 따라 달라지는 모순을 갖고 있기 때문이다. 농산물 도매법인이 한 해 동안 취하는 수수료는 수천억 원에 가깝다. 농산물 생산자들에게 돌아가야 할 이익이 중간유통업자들에게 돌아가는 현 유통구조의 혁신 없이는 농촌에 매년 수십조 원의 예산을 투입한다 해도 농촌의 근본적 문제인 농가소득 향상과 농촌의 공동화 방지를 위한 귀농문제 해결은 요원하게 될 것이다. 농산물 유통구조를 개선하기 위해 그림과 같은 정책을 제시하기도 했지만 현실적으로 해결해야 할 문제는 아직도 너무나 많다.

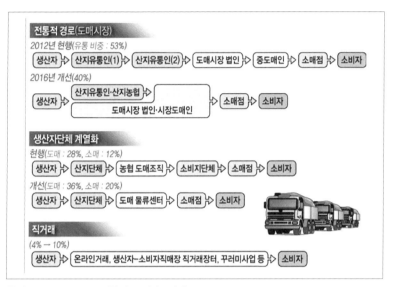

출처: 2013.5.28, 대한민국 정책브리핑

농산물유통구조 개선안

우리나라 농산물 유통경로를 살펴보면, 가락동 농수산물시장과 같은 도매시장이 농산물유통의 약 50%를 담당하고 있다. 도매시장 유통의 문제는 산지 수집상, 경매수수료제도, 중·도매인, 중간상인 등의 과정을 거치면서 유통단계가 늘어나는 문제가 있다. 농산물 유통경로의 또 다른 큰 축은 대형소매유통업체가 약 31%, 식품가공 업체 및 단체급식업체 등이 약 12% 정도를 담당하고 있다. 대부분 규모가 큰 단체급식회사와 유통회사 또는 식자재전문회사는 대형 농산물가공물류센터를 보유하고 있어 산지유통업체 또는 산지계약 재배를 통하여 농산물을 거래하고 있다. 하지만, 개별기업의 목표 는 이윤의 극대화에 있기 때문에 우월적 지위를 이용하여 부당한

거래 위험성을 항상 안고 있다. 최근 대형마트의 경우, 신선식품의 경쟁력 향상을 위하여 자체 가공물류센터를 만들어 농수산물을 생산자들로부터 공급받고 있지만, 최종가격 기준은 농수산물 도매시장가격으로 결정하기 때문에 농산물유통단계 축소의 혜택이 개별 유통업체에 돌아가고, 최종소비자 입장에서는 유통비용 단계축소 효과가 미미하다는 결론이다.

모든 공산품은 생산자가 가격을 결정하는데 농산물은 왜 가격을 중간유통에서 결정해야만 하는지는 풀어야 할 숙제다.

최근에 친환경농산물을 중심으로 생산자 중심의 직거래경로가 전체 유통물량의 약 6~7% 수준으로 이루어지고 있다. 유럽에서 시작된 공동체지원농업(Community Supported Agriculture)으로 불리는 직거래는 생산 농가와 소비자가 직접 계약하고, 계약기간 동안 농산물을 배달받는 구조다. 미국에서도 전국적으로 확산되고 있는 생산자와 소비자 간 직거래는 미래에 지속적으로 확산 운영되어야 할 농산물유통구조의 한 형태가 되어야 한다.

우리나라도 '제철꾸러미사업'이라는 이름으로 생산농가 중심의 직거래가 있지만 아직 초기단계로 유통비중이 미미하지만 소비자단체와 생산자단체 간에 계약재배 또는 회원제로 유통되고 있기 때문에 생산농가와 최종소비자들의 만족도는 다소 높게 나타나고 있다. 그러나 아직은 규모 측면에서 생산자와 소비자단체 모두 영세성의 문제로 물류체계나 비용의 문제점이 있다. 하지만 소농가들의 소득향상을 위하여 농산물에 대한 최종소비자와 생산자의 만족도가 높은 직거래방식은 확대 운영되어야 한다.

농산물 유통구조의 최종 혁신방안으로 농가소득 향상과 최종소비자가격 안정을 위해서 경쟁력 있는 유통플랫폼이 필요하다. 품목위주의 농산물을 대량 생산하는 품목별 협동조합이나, 농산물유통직거래센터를 설립하여 농산물의 생산, 유통, 가공, 수출 그리고 마케팅까지 통합 패키지형으로 가야 한다. 농산물 수출 선진국에서는 생산하는 농축산가공식품의 대부분을 품목별 협동조합에서 판매 및 수출하고 있다. 덴마크 'Danish Crown', 뉴질랜드 'Fontera' 등 세계적으로 경쟁력 있는 품목별 협동조합들은 수없이 많다.

농산물유통직거래센터는 농산물 생산지역의 각 지방자치단체들이 중심이 되어 투자하고, 농산물과 농가공식품의 안전성을 확보하여 생산농가별, 품목별, 가공식품별로 최종소비자와 직거래하는 유통경로시스템을 농산물유통의 또 다른 큰 축으로 성장시켜야 한다. 지방자치단체가 투자한 농산물유통직거래센터의 농산물은 가장 우선적으로 정부 및 관공서 그리고 기업들의 단체급식에 공급할 수 있는 길이 열린다면 농산물 직거래를 통해 농가소득은 크게 향상될 것이고, 젊은 영농인 양성 및 귀농인구의 증가로 농촌의 문제는 물론 도시민들의 실업문제도 다소 해결될 수 있을 것이다.

각 지방자치단체의 투자는 정부의 추가 지원 없이도 각종 토목공사,

엑스포, 축제, 박물관 등 비효율적인 소모성 예산 절감으로 충분히 지역 농산물유통직거래센터를 설립하여 운영할 수 있는 여력이 있다. 전국의 농촌지역 지방자치단체는 소모성 예산을 줄이고, 농산물 생산농가들의 지속적인 소득향상을 위한 예산편성에 집중해야 한다. 농촌을 도시화하려는 어설픈 정책으로는 도시와 경쟁할 수 없다. 각 농어촌만의 특색 있는 농업정책만이 도시민들의 마음을 얻을 수 있고, 관광 및 농산물 판매 수익으로 연결될 것이다.

도시지역 자치단체와 농촌지역의 협력사례를 살펴보면, 서울시는 학교급식 등 공공기관에 식재료를 공급하기 위해 공공급식센터를 운영하고 있다. 서울시 일부 구청은 선정된 농촌지역과 농산물 직거래를 통해 도농 간 상생 급식시스템을 구축하여 운영하고 있다. 도시의 공공급식센터 이용자들은 생산자가 누구인지 알 수 있는 안전한 먹거리를 제공받고, 농촌의 생산자는 안정된 수요처가 중간유통단계 없이 확보됨으로써 안정된 소득을 얻을 수 있는 상생의 시스템이다. 다만 정치적 목적으로 시행된 행정이 오래 지속되는 경우는 드물다. 서울시가 다양한 문제를 야기할 수 있는 변수들을 해결할 능력을 가지고 지속적으로 이 정책을 성공시킬 수 있다면 이 방식 또한 농산물 직거래 유통경로의 또 다른 방안으로 적극적으로 확대할 필요가 있다.

미국의 학교급식프로그램을 살펴보면, National Farm to School Network가 있다. 이 프로그램의 비전은 "아동의 건강을 위하여, 협력농장의 발전을 위하여, 활기 넘치는 지역사회를 강화하기 위하여

Local Food 및 아동의 영양교육을 강화시켜 Network를 더욱 확대 발전시켜 나간다"이다.

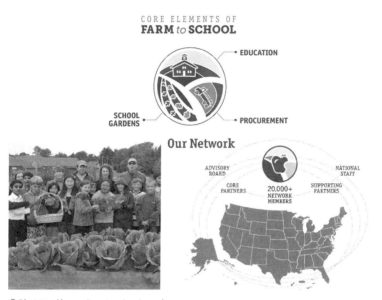

출처: http://www.farmtoschool.org/

Farm to School은 조금 다른 유통구조이기는 하지만 정부차원에서 입법제정을 통해 학교급식 프로그램을 운영하고 있다는 점에서 획기적이다. 1996년부터 시작된 Farm to School 프로그램은 지역 농산물 생산자와 지역학교 소비자를 긴밀하게 연결하는 유통구조다. Farm to School 운동을 통해 로컬푸드를 공급받음으로써 학교 급식 학생들에게는 지역에서 생산된 안전하고 신선한 먹거리를 제공받고, 지역 농산물 생산농가들과 농·식품가공업자들은 우선적으로 학교급식에 참여하는 기회를 가짐으로써 지역 일자리 창출과 안정된 소비처 확보로 학부모와 농업인 모두 지역경제공동체로서의 연대를 강화할 수 있도록 하고 있다. 현재 'Farm to School'을 지원하는 법안이 통과되어 미국 전역에서 확대 운영하고 있다. 이와 같이 다양한 형태의 농산물직거래방식은 지속적으로 개발되어야 한다. 직거래 유통의 장점은 생산자와 소비자의 만족도가 높아 적극적으로 정부의 지원과 정책으로 육성될 필요가 있다.

또 다른 정부의 역할은 농산물 수급조절을 위한 빅데이터시스템 구축이다. 농산물 생산자들은 매년 어떤 품목을 생산해야 할지 알지 못하는 상황에서 풍작으로 배추, 무밭을 갈아엎는 사태를 막아야 한다. 이러한 사태를 막을 방법으로 품목별 농산물 생산에 대한 수요와 공급량을 예측할 수 있는 빅데이터프로그램을 개발하여야 한다. 빅데이터 자료를 통해 재배시점부터 수급조절체계를 구축할 수 있도록 전국 품목별 농산물 생산자단체와 농민들에게 자료를 제공해야 한다. 한편으로는 농촌 자치단체들로 구성되는 첨단 농산물 유통센터를 건립하여 직배송시스템을 구축하고 농산물 생산자 중심의 산지유통 전문기업으로 키워나가야 한다. 가까운 미래의 유통시스템은 냉장고에 식품이 떨어지면, IoT, AI 시스템이 자동으로 농장에 필요한 농산품을 주문하고, 자율자동차, 드론으로 배달하는 시대가 될 것이다. 미리 준비하고 있어야 대자본의 농산물 유통기업과의 경쟁에서 농촌의 다품종 소량생산이 대부분인 영세농들이 살아남을 수 있을 것이다.

　일본의 미치노에키 등 선진국의 농산물 유통방식은 오래전부터 직매장과 직거래형태로 변화하고 있다. 일본 도쿄 근교에 있는 사이보쿠 팜은 연 350만 명이 방문하는 돼지테마파크로 잘 알려져 있다. 약 9ha의 땅에서 과거 돼지를 키우는 농장이었지만 도시와 거리가 가까워 현재는 햄, 소시지 생산과 직영농산물 판매장 그리고 돼지농장을 운영하면서 연 매출액 70억 엔을 내는 농업기업으로 성장하였다.

▲ 일본 도쿄 근교 사이보쿠 팜 농산물 판매장에서 저자

7.1 일본의 농산물 직판소(Farmers Market)

여기서만 구입할 수 있다! 높은 가격으로 판매할 수 있다는 자신감의 표현이다. 이유는 최고의 품질! 안전한 농산물만 공급한다!는 미즈호마을의 철학 때문이다. 이바라키현 쓰쿠바시에 본점이 위치한 '미즈호마을시장(みずほの村市場)'은 '진짜 농산물을 신선한 상태에서 맛보길 바란다'는 경영자의 신념으로 운영되는 직판소이다. 1990년 지역 농산물 생산자와의 위탁판매계약으로 농산물직판소 '미즈호마을시장'을 설립하여 농산물을 판매하기 시작하였다. 2010년 7월 기준, 소비자회원은 약 14,500명(연회비 1천 엔)이다. 연간 25만 명 이상이 이용하고 있으며 지역주민뿐만 아니라 도쿄, 지바현에서 방문하는 이용자도 많다. 2013년 일본 국내 최우수 농산물 직판장으로 선정되는 영예를 차지할 만큼 모범직판장이다. 인근 슈퍼보다 20-30% 비싸게 판매되고 있지만 이용자들은 이곳에서 판매되는 농산품들의 품질이 우수하다고 생각하기 때문에 기꺼이 높은 가격을 지불한다. 1991년 1억 엔이던 연 매출액이 2008년 5억 9천만 엔에 도달하였고 2015년에는 연 매출액 7억 엔을 달성하였다. 매출액이 늘어나 고용인원도 증가하여 일자리도 만들어내고 있다. 회원농가 매출액이 연평균 700만 엔 정도로 일본 내의 직매장 중에서는 최고이며 인근지역 연평균 농가소득의 3배 이상이나 된다. 어떤 농산물이던 연간 360만 엔 이하는 매장에서 퇴출시킨다. 같은 농산물 품목을 매장에서 팔고자 한다면 기존 품목보다 더 비

싸게 팔아야 진열을 허락한다. 그만큼 품질에 자신 있는 농산물만
판매하라는 의미다.

출처: http://www.mizuhonomuraichiba.com

　미즈호마을 시장은 생산농가와 위탁판매 계약으로 판매수수료 15%
를 받고 있다. 농가 스스로 높은 품질의 농산물을 생산하여 판매재고가
발생하지 않도록 해야 한다. 미즈호마을 시장에 출하하는 농가는 몇
가지 원칙을 지켜야 한다.

　첫째, 판매가격은 농가 스스로 원가를 계산해서 결정한다. 동일 품
목을 판매하고자 하는 농가는 먼저 판매하는 농가보다 높은 가격으로
팔아야 판매를 허락한다. 먼저 판매하는 농산물보다 비싸게 팔아야 하
기 때문에 월등히 품질이 좋은 농산물을 생산할 자신이 없으면 출하를
신청하기 어려운 구조다. 둘째, 신선도가 떨어졌다거나 상품가치가 떨
어지면 생산자 스스로 판단하여 농산품을 회수하여 폐기처분해야 한
다. 셋째, 같은 농산품이 겹치지 않도록 회원들 간에 출하시기를 조정
하기 위하여 1년 전 월별, 품목별 출하 계획서를 제출하여야 한다. 현
재는 20여 년간의 자료가 축적되어 회사가 조정할 필요 없이 생산농가
들이 스스로 판단하도록 하고 있다. 하지만 높은 품질을 유지하기 위해

서 농가들 스스로 재배기술을 연구
하는 모임을 만들도록 유도하고, 생
산품목이나 출하시기 등을 협의하여
결정하도록 하면서 상호 간의 경쟁
을 유도하고 있다. 넷째, 연간 매출
액이 1,100만 엔 이상이면 장려금을
지급하고 180만 엔 이하이면 벌금을
물린다. 다섯째, 농가는 판매 위탁신
청 판매 권리금 30만 엔을 예치해야
한다.

출처: http://www.mizuhonomuraichiba.com

    미즈호마을 시장은 이렇게 엄격한 판매원칙을 유지함으로써 소비자
의 신뢰를 얻어 농산물의 가치를 높이고 있다. 농가는 생산자가 아니고
경영자가 되어야 한다는 철학이 있기 때문이다. 농민 스스로가 자기
주장을 하면서 동시에 책임도 인정해야 농업 경영자가 될 수 있고 농촌
과 농업문제를 해결할 수 있기 때문이다. 품질 좋은 농산물을 생산하고
원가를 스스로 계산하여 자기 책임으로 농산물 가격을 결정하는 농업
경영자 양성이 미즈호마을 시장의 창업정신이다. 이 시스템이 전국으
로 확대되어 산업으로서 자립하는 농업이 되도록 하는 것이 창업주의
목표다.

    우리나라 로컬푸드 직판장이 가야 할 방향을 미즈호마을 시장이 제
시하고 있다.

출처: http://www.mizuhonomuraichiba.com

미즈호마을 시장에 출하하는 농민들

7.2 농업타운 겐키노사토

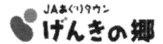

특별한 농산물이 없었던 아이치현
(愛知縣) 오부시(大府市)에 위치한 농업타운 겐키노사토 이야기다. 전
통적으로 양배추와 양파를 생산하는 농촌지역이었지만, 판로가 없어
풍작과 흉작에 따라 생산된 농작물을 버리기도 하고, 헐값으로 판매하
기도 하는 문제가 있던 곳이었다. 최근에는 지역농산물을 80% 이상 판
매하는 최고의 농산물직판소가 되었다. 농촌지역에 자리 잡은 농산물
직거래소지만 판매장에 650명의 지역 농산물 생산들이 농산품을 출하
하고, 연간 200만 명의 고객들이 방문하여 연 매출액 40억 엔에 가까운
부자농촌이 되었다. 고객들에게 안전한 먹거리를 생산하여 판매한다는

목표를 영업가치로 삼고 있다. 방문객들의 편의와 재미를 위하여 요리교실, 체험교실, 레스토랑과 놀이시설을 갖추고 있기도 하다. 방문하는 시간대별 고객층이 다름을 파악하고 상품구성을 시간별로 다르게 진열하여 고객편의를 제공하는 섬세함을 보여준다.

과거 양배추, 양파 농산물 가격의 등락폭이 큰 농산물을 재배하던 농민들은 안정된 수익을 얻을 수 없었을 뿐만 아니라, 농업후계자를 키우기도 힘들었다. 겐키노사토는 이러한 문제들을 해결할 방안을 찾아야 했다. 도시 근교에 위치한 장점을 활용하여 완전하게 새로운 농산물 판매방식을 구상하였다. 기존 농협직원 13명이 자회사를 설립하여 오늘의 겐키노사토를 만들었다. 이들은 사업목적을 농산물 생산자들인 농민과 소비자인 도시민들과의 도농 교류의 장으로 만든다는 목표로 지역 농가들을 설득하여 새로운 조합원과 매장에 농산물 출하자를 모집하여 각 품목별로 생산농가그룹을 만들어 800여 명의 출하농가들과 계약하였다. 한편으로는 도시 소비자들의 매장 방문 때 각종 편의시설을 제공하기 위하여 지역농산물로 음식을 만드는 농촌레스토랑, 가공판매장, 체험농장, 화훼온실 등 복합센터를 만들었다. 농산물판매장의 판매대는 농가별 판매대를 하나씩 제공하여 판매가격도 자의적으로 정하고, 다른 판매농가와 선의의 경쟁을 하여 각 농가 스스로 판매대를 운영하는 경영마인드를 가지도록 하였다. 결과적으로 겐키노사토 매장 안에는 수백 명의 주인의식을 가진 농업경영인들이 있다. 이들에게서 나오는 다양한 아이디어와 제안들로 매장을 방문하는 고객들의 인구통계학적 분석이 가능했다. 즉 매장을 방문하는 고객은 시간대별, 나이별, 소비계층별, 시설이용별 소비행태가 다르다는 사실을 파악하고 상품 진열과 포장을 다르게 함으로써 매출과 고객편의를 극대화하고 있다. 이외에도 농사를 짓는 영농인들도 경제적 문제를 해결하고 풍요로운 생활을 할 수 있다는 자신감을 갖도록 하기 위하여 취업농가와 귀농 희망자들을 모집하여 작물재배와 식품가공법을 교육하는 과정을 운영하기도 한다.

출처: http://www.agritown.co.jp/

겐키노사토 현황도

7.3 일본 (주)농업종합연구소

2007년 농업에 대한 열정 하나로 설립하여 도쿄증권에 상장까지 한 IT기술과 융합된

농산물판매회사다. IT기술을 접목하여 대형마트에 농산물 로컬푸드 전용 판매대를 운영한다. 농업종합연구소는 농산물 직거래유통방식을 혁신적으로 변화시켜 농민들에게 농산물 판로를 개척하여 소득향상과 연결시키고 있다. 핵심사업은 농산물직판장 방식이다. 자체적인 농산물 집하장인 물류시스템에 IT기술을 융합하여 전국의 농산물 생산자와 대형마트 그리고 슈퍼마켓을 연결하여 위탁판매하는 방법으로 유통혁신을 이룬 기업이다. 전국 80여 개의 농산물 집하장에 1,100여 개의 점포와 8,000여 농가를 연계하여 농민들 스스로 판매가격과 출하장소, 출하시기를 결정하도록 하여 자유롭게 생산·출하하는 배송시스템을 구축하였다. 농민들은 집하장에 가져온 자신의 농산물에 가격을 결정하여 가격표와 무게를 저울에 달아 바코드를 붙여서 자신이 판매하고 싶은 마트나 슈퍼의 수집함에 넣기만 하면 된다. 농민들은 판매현황과 자기 농산품의 판매순위가 몇 등인지 등을 태블릿 PC로 언제든지 확인할 수 있다. 이러한 정보를 언제 어디서나 확인하면서 농산물 출하량과 시기를 스스로 판단한다. 판매하지 못하고 재고로 남는 농산물은 스스로 처리하거나 판매처에서 결정하여 폐기처분한다.

출처: www.nousouken.co.jp

(주)농업종합연구소는 새로운 방법의 농산물유통시스템으로 자신이 생산한 상품에 가격결정권이 없었던 농민들에게 가격을 결정하도록 하여 농가소득 향상과 농산물유통의 혁신을 보여주는 농업 벤처기업이다. 농산물 소비자들은 자신이 소비하는 농산물의 생산자가 누구인지 알 수 있도록 함으로써 먹거리에 대한 불안을 해소시켜 생산자와 소비자 모두를 만족시키고 있다. 이 플랫폼사업을 중심으로 다양한 새로운 농업 비즈니스에 도전하고 있다.

農 業 に 情 熱 を

Passion for Agriculture

창업자 오이카와 도모마치 사장은 농산물 유통의 문제점을 파악하기 위하여 생산현장에서 3년, 판매현장에서 1년을 일했다. 이러한 과정을 거쳐 생산자와 판매자 그리고 소비자의 불편과 상호 간에 요구하는 문제를 현장에서 파악하여 유통혁신을 이루는 회사가 (주)농업종합연구소이다. 이러한 열정으로 이제는 농산물뿐 아니라 새로운 유통 플랫폼을 구축하여 사업을 확장하고 있다.

▲ 창업자 오이카와 도모마치

7.4 중국 알리바바의 타오바오촌(淘寶村)

중국 최대 온라인 플랫폼, 알리바바 전자상거래 회사가 농촌의 고질적인 문제인 농·특산물 유통과 농촌에 필요한 농기자재 판매에 나섰다. 타오바오촌은 농촌지역에서 자발적으로 만들어진 네트워크를 추구하면서, 온라인으로 농·특산물을 판매하는 상인 수가 전체 가구 수의 10% 이상이고, 매출액이 천만 위엔 이상일 때 이 마을을 타오바오촌이라고 부른다. 2018년 동부해안 도시를 중심으로 총 3,202개의 타오바오촌이 만들어졌다.

2018년 중국 타오바오촌과 타오바오진 수

省市区	淘宝村数量	淘宝镇数量	省市区	淘宝村数量	淘宝镇数量
浙江	1172	128	安徽	8	0
广东	614	74	四川	5	0
江苏	452	50	湖南	4	0
山东	367	48	吉林	4	0
福建	233	29	重庆市	3	0
河北	229	27	山西	2	0
河南	50	3	广西	1	0
江西	12	0	贵州	1	0
北京	11	1	宁夏	1	0
天津	11	2	陕西	1	0
湖北	10	0	新疆	1	0
辽宁	9	1	云南	1	0

출처: 阿里研究院, 2018年 10月(https://baike.sogou.com)

각 성별 분포도를 보면 절강성에 1,172개로 가장 많고, 광동성 614개, 강소성 452개, 산동성 367개, 보건성 233개, 하북성 229개로 이들 동부해안에 위한 성에서 전체의 95%를 차지하고 있다. 허난성에는 50개로 중·서부 지역에서 가장 많은 타오바오촌이 만들어졌다. 이렇게 만들어진 타오바오촌에서는 젊은이들이 농촌을 떠나지 않고 농촌에 활력을 주면서 농사를 짓고 있다. 2018년 한 해 동안 타오바오촌의 전국 매출이 2,200억 위안으로 이는 전국 온라인 매출의 10% 이상을 차지했다. 타오바오촌에서 온라인으로 농산물을 판매하는 상점 수가 660,000개 이상으로 180개 이상의 직업을 만들어냈다. 이와 같이 타오바오촌은 마을을 홍보하고 지역농업 발전을 촉진하여 기업농으로 성장할 수 있는 발판을 농촌지역에 만들어주고 있다. 1995년 이후 중국에서도 전자상거래가 중국 경제발전과 경제성장에 크게 영향을 주었다. 이러한 전자상거래의 영향은 중국 농촌지역으로 확대되어 농산물 판매에 애로를 겪었던 많은 농촌지역 농민들에게 혁신적인 유통채널 역할을 하고 있다.

출처: https://baike.sogou.com/

플랫폼 운영자 수의 빠른 증가

　실제로 2013년 중국 농촌지역 네티즌 수는 1억 6천5백만 명으로 전체 네티즌 수의 27.9%나 된다. 2013년 11월 30일을 기준으로 타오바오 온라인에 등록된 상점 수가 2백3만 9천 명으로 2012년 말 대비 24.9% 증가하였다. 이 가운데 타오바오촌은 105만 개로 2012년 말 59만 개 대비 76.3%가 증가하였다. 동 기준 대비 농촌 온라인 상점의 순증가는 46만 개다. 농촌 온라인사업 증가에 타오바오촌이 중심이 되고 있다는 증거다. 타오바오촌의 성공은 젊은 청년들의 귀농으로 이어져 새로운 바람을 만들어내고 있다. 중국 내 주요 도시에서 대학을 나온 이들은 자신이 태어났던 고향으로 돌아가 특산물 판매 앱을 만들고, 웨이보, 웨이신 등을 이용한 제품 및 브랜드 마케팅을 하고 있다. 알리바바는 지난 2008년부터 중국 농촌 및 산지 지역에 설립해 온 타오바오 서비스센터에 100억 위안(약 1조 6,500억 원)을 투자해 5년 새 중국 내 10만 개의 서비스센터를 구축할 것이라고 밝혔다. 농업이 IT와 만났을 때 그 잠재력이 엄청나게 크게 일어난다는 현실을 지금 중국의 타오바오촌이 증명해 주고 있다.

　타오바오촌 서비스센터는 각종 구매대행을 무료로 한다. 교통이 열악한 산간 농촌지역에서 필요로 하는 농기자재와 농산물 거래를 도와준다. 산간 오지의 농민들이 먼 거리를 오고갈 필요 없이 온라인 몰에서 거래를 한다. 타오바오 서비스센터를 이용하는 마을 주민들의 반응은 상당히 긍정적이다. 이러한 긍정효과는 타오바오촌 확장에 큰 동력으로 작용하고 있다. 서비스센터는 농촌 주민들에게 전자상거래를 가능하게 해줌으로써 농촌과 도시를 연결해 주는 역할을 하고 있다. 현재 농업 관련 창업은 전자상거래, Online to Offline이 주류를 이룬다. 특히 알리바바, 징둥과 같은 대기업의 진출로 인해 레드오션화가 빨리 진행될 것이지만 금융, 데이터 분석 등 향후 농촌 진출에 있어서 새로운 기회를 찾을 필요가 있을 것이다.

7.5 유기농산물 수직계열화 영농법인 : 학사농장

출처: http://www.62farm.co.kr/

'깨끗하고 정직하게 안전한 먹거리를 생산하는 기업'을 추구하는 농업기업으로 우리나라를 대표하는 영농조합법인 학사농장은 20평 비닐하우스로 전남 장성군 시골마을에서 시작하였다. 당시에는 생소한 유기농산물 생산을 고집한 한 청년의 신념으로 지금은 전국에서 수만여명이 회원으로 가입한 연 매출액 100억 원에 가까운 농업기업으로 성장하였다. 1992년 유기농업에 대한 인식이 부족했던 시기였지만 건강한 먹거리 생산에 대한 철학으로 많은 시련과 우여곡절 끝에 오늘날학사농장은 유기농산물 생산면적이 백만 평방미터나 되는 우리나라의 대표적인 유기농전문 농업기업이 되었다. 과거 어려운 환경 속에서 유기농산물을 생산하고도 판로가 없어 버려야 했던 문제점을 해결하기위하여 농산물 포장센터와 친환경농산물판매장, 친환경 베이커리 그리고 유기농레스토랑까지 수직계열화하여 부가가치를 높이는 보기 드문성공한 농산물생산유통기업이다.

학사농장에는 소비자들과 함께하는 3대 축제가 있다. 하나는 농민과 소비자 모두 6월 2일 하루만이라도 건강한 먹거리인 유기농산물을 나누고, 먹고, 체험하는 날로 기념하기 위하여 62day의 날을 만들었다. 이날은 50여 유기농산물 생산농가와 유기농식품 생산자들이 직거래장터를 열어 먹거리 생산과정을 설명하고 30~50%까지 할인 판매한다. 유기농채소 심기 체험행사와 유기농채소로 만든 음식뷔페도 함께 있어 62day 하루는 생산자와 소비자들이 함께하는 축제의 장이 된다. 두 번째는 김장축제다. 수백 년 동안 전통으로 내려온 김장 담그기는 우리의 고유문화다. 하지만 최근에는 김장 담그기가 힘들고 과정이 복잡하여 젊은이들 사이에서는 김치를 마트에서 구매하는 가공식품으로 인식하고 있다. 이러한 현실이 안타까워 매년 김장 담그기 축제를 한다. 김장이 필요한 소비자들을 위하여 수천 포기의 김장배추를 세척하고, 절여서 준비한다. 양념 또한 잘 배합하여 모든 준비를 학사농장에서 준비하면 소비자들은 김장축제날 예약된 장소에서 필요한 양만큼 김장을 한다. 필요에 따라 황토밭에 김장독을 보관할 수 있도록 배려까지 한다.

▲ 학사농장 김장축제 현장

세 번째는 농촌체험여행이다. 유기농산물의 생산과정을 직접 농장에서 체험함으로써 생산과정의 어려움과 농산물이 친환경적으로 생산되는 현장의 이해를 돕기 위한 것이다. 딸기를 수확하고, 우리밀로 케이크와 쿠키를 만든다. 오리농법의 논을 보고, 고구마 캐기를 한다. 농업에 관심이 있는 사람들을 위하여 유기농산물의 생산방법과 유통에 관하여 학습하는 시간을 가지기도 한다. 이 모든 과정은 학사농장 회원 농가들의 농장에서 다양한 체험학습으로 이루어지고, 참가자들은 우리 농촌과 농산물을 더욱 애용하는 기회로 활용한다.

농촌에도 희망이 있는 이유는 농사도 농업이고 기업으로 성공할 수 있는 성공 모델이 있기 때문이다.

7.6 로컬푸드운동과 생산적 농촌복지모델 : 완주군 로컬푸드

무역자유화시대에 다양한 상품들이 세계시장으로 팔려나가는 현실에서 먼 거리를 이동하는 농산물의 안전문제가 대두되고 있다. 그 대안으로 로컬푸드운동이 전 세계적으로 확산되고 있다. 푸드마일 개념으로 계산된 환경오염 문제부터 농산물 생산과 운송과정에서 신선도를 유지하기 위한 농약, 방부제까지 자신과 가족의 건강을 지키기 위하여 전 세계적으로 일어나고 있는 안전한 먹거리 소비운동이 로컬푸드의 개념이다. 안전하고 믿을 수 있는 먹거리를 어디서, 어떻게, 누구로부터 구매할 수 있는가의 문제를 해결하기 위한 방법으로 자기가 살고 있는 반경 몇 킬로미터 이내에서 생산자를 알 수 있고, 유기농으로 생산된 농산물과 과일 그리고 항생제로부터 자유로운 육류를 섭취하자는 운동이 로컬푸드운동의 개념이다.

1990년대 유럽에서 안전한 식품을 구매하고자 하는 소비자들과 지속적으로 농업을 발전시키고자 하는 농민들의 상호 이해관계가 일치하면서 시작되었다. 이 운동은 소득수순이 높아 건강에 관심이 많은 선진국을 중심으로 유럽, 미국, 일본 그리고 우리나라에서 성장하고 있는 농산물 생산과 유통 그리고 소비의 한 형태이다. 최근에는 전 세계적으로 관심받는 먹거리 안전문제와 환경문제를 해결하기 위한 방안으로 지역농산물 소비운동이 각 나라에서 일어나고 있다. 한편으로는 농수축산물 생산자들과 도시의 소비자들을 바로 연결하는 시장이 있기 때문에 중간유통과정에서 발생하는 부가가치는 생산자와 소비자들의 이익으로 돌아가는 상생시스템이 만들어지고 있다.

각 나라별 로컬푸드운동의 사례를 살펴보면 다음과 같다.

미국 맨해튼의 유니온스케어에서는 주말마다 반경 200마일 이내에서 생산되는 유기농산물과 축산물 그리고 어패류를 소비하는 'Green Market'이 인기다. 이것은 지역에서 생산된 신선한 농산물을 판매하는 재래시장 형태다.

일본의 지산지소(地産地消)운동의 개념은 지역에서 생산된 농축수산물을 지역에서 소비하자는 운동이다. 일본은 '식료 · 농업 · 농촌기본법'에서 지산지소의 개념을 명확히 하고 있다. 농산물뿐만 아니라 축산물에 대한 지산지소 개념인 '식육기본법'을 2005년에 제정하기도 했다. 이러한 일본정부의 노력으로 지역농산물의 학교급식 소비율이 상승하고, 지역에서 운영하는 레스토랑에서는 인근 지역에서 생산한 식재료를 사용한다는 광고를 하는 등 지산지소운동이 확산되고 있다. 지산지소운동의 결과는 오늘날 일본 전역에서 볼 수 있는 미치노에키 농산물 직매장의 증가로 나타나고 있다.

이탈리아 슬로푸드운동은 세계적으로 발전한 대표적인 로컬푸드운동이다. 패스트푸드와 상반되는 개념으로 이탈리아 작은 시골마을 Bra에서 시작된 이 운동은 전 세계에 건강한 먹거리와 삶의 여유에 대하여 생각하게 하고 있다. Bra 슬로푸드 마을은 시끄러운 관광도시를 추구하지 않는다. 건강하게 만들어진 음식의 다양한 맛을 느낄 줄 아는 여유로운 삶을 추구한다. 이외에도 영국의 Real Food, 네덜란드의 Green Care Farm운동이 있다.

우리나라는 로컬푸드운동이 가장 먼저 일어난 전북 완주군이 대표적이다. 특히 우리나라와 같이 영세농민이 많고, 식량자급률이 급격하게 떨어지는 나라에서 로컬푸드운동은 지역 농산물 생산을 지속가능하게 함으로써 향후 일어날 수 있는 식량자원 확보문제를 해결하고, 다품종 소량 생산자들이 많은 농촌지역의 영세 고령 농민들의 소득 증가를 가져옴으로써 지역경제 활성화와 생산적 복지체계 구축에 도움이 되고 있다. 로컬푸드운동으로 농민들이 주축이 된 생산자협동조합과 유통조합이 만들어져 대형마트 및 농산물유통업자들과 경쟁력을 가질 수 있게 되어 농산물 생산자들의 가격결정권이 강화되는 현상은 로컬푸드 직판장의 가장 큰 장점이 되고 있다. 이러한 현상은 도시 소비자들의 안전한 먹거리 소비에 대한 트렌드와 함께 농산물 포장지에 생산자가 명시되고, 지역 행정관청의 안전한 농산물 검증으로 도시 소비자들의 소비행태를 변화시키고 있다. 한편으로는 농산물 운송과정에서 발생하는 환경오염을 비롯한 다양한 문제해결의 대안으로 로컬푸드운동의 성장은 향후 지속될 것이다.

로컬푸드운동이 향후 지속적으로 성장하기 위해서는 신뢰할 수 있는 농수축산물이 지속적으로 생산 가능해야 한다. 우리나라와 같이 영세농과 고령 농민이 많은 나라에서는 외국의 대량생산체계를 갖춘 값싼 농산물과 가격 경쟁을 할 수는 없다. 로컬푸드운동을 활성화시켜 해외 농산물과 수입과정에서 발생되는 다양한 먹거리의 안전문제를 해결할 수 있는 대안으로 로컬푸드 직판장을 확대해 나가야 한다. 해외로부터 수입되는 값싼 농산물과 대량생산과정에서 뿌려진 농약 및 항생제 그리고 운송과정에서 이루어지는 부패방지를 위한 방부제로부터 우리나라 소비자들의 식량안보와 건강을 지켜낼 수 있는 대안이 될 수 있기 때문이다.

생산적 농촌복지모델 1번지 완주군 로컬푸드

출처: http://www.hilocalfood.com/index.do

완주군에서 시작된 로컬푸드 직판장이 전국적으로 빠르게 확산되고 있다. 완주군은 9만 5천여 전체인구 중 약 30%가 농업에 종사하고, 농업인구 가운데 65세 이상의 고령 농민이 35%이며, 연소득 1천만 원 이하의 농가 65%인 농촌지역에서 생산된 농축산물의 판로확보 문제는 농가소득에 크게 영향을 주기 때문에 반드시 해결해야 할 현실적인 문제였다. 이러한 문제를 해결하기 위하여 완주군은 2010년 로컬푸드 육성을 위한 지원조례를 제정하여 농촌활력과를 만들고, 로컬푸드 부서를 만들어 농가를 대상으로 직거래 교육을 실시하여 2012년 첫 매장을 오픈하였다. 직매장 초기 150여 농가에서 출발한 로컬푸드 직판장은 현재 12개의 직매장과 공공 급식센터, 꾸러미사업단, 2개의 로컬푸드 가공센터로 발전하였다.

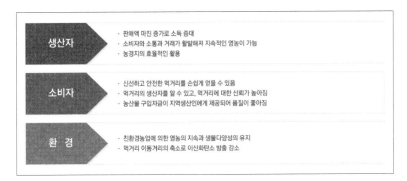

출처: http://www.hilocalfood.com

완주군의 로컬푸드 활성화 전략

완주군 농정정책의 핵심은 지속가능한 농촌과 농업을 위하여 다품종 소량생산구조를 가진 소농과 영세 고령 농민들의 소득 증대방안을 찾는 데 있다. 이러한 목표를 가지고 농업활력과를 신설하여 농산물 생산체계를 조직화하였다. 농촌 고령 농민을 중심으로 두레농장을 조직하고, 마을회사 100개소를 육성하고, 1,500여 농가를 중심으로 작목반을 만들어 지속적으로 로컬푸드 직판장에 농산물을 공급할 수 있는 생산시스템을 구축하였다. 소농과 고령농 3천 농가에 월 150만 원의 소득을 보장하겠다는 아주 구체적인 목표도 함께 세웠다. 이렇게 조직된 생산자단체에서 유정란, 딸기, 채소, 장류, 두부, 밑반찬, 제과제빵, 참기름 등 다양하고 안전한 먹거리를 로컬푸드 직판장과 꾸러미사업을 통해 도시 소비자들에게 공급할 수 있는 토대를 만들어 농가소득을 안정적으로 끌어올리고 있다.

로컬푸드 운동의 핵심은 먹거리 안정성에 있다. 한 시간 이내에 65

만 인구를 가진 배후도시 소비자를 타깃으로 믿을 수 있는 안전한 농축산물을 생산한다는 목표로 완주군 자체 농산물 안정성 관리시스템을 구축함과 동시에 국립농산물품질관리원과 업무협약을 하여 잔류농약검사 246개, 농업용 수질검사 6개, 토양검사 7개 항목에 대한 안전성 검사를 철저하게 하여 부적합 농산물 생산자들은 삼진아웃제를 도입하여 영구 퇴출하는 전략으로 행정기관에서 농산물 품질을 인증함으로써 소비자들로부터 신뢰를 얻고 있는 완주군 로컬푸드 직판장은 지속적으로 성장하고 있다. 농산물 생산체계와 안전성을 확보한 완주군은 부가가치를 높일 방안과 판로 확대를 위하여 농산물의 가공센터를 건립하였다. 농산물 가공산업은 부가가치를 높일 수 있는 대안 중 하나이기 때문이다. 그동안 대형 식품 제조업체들의 전유물로 여겨졌던 가공산업을 행정관청에서 투자하여 농민들에게 사용할 수 있도록 함으로써 농가소득 향상으로 연결되고 있다. 식품 제조과정의 안전성 검사 및 관리 또한 행정관청이 관리감독하고 있어 소비자들의 신뢰를 얻고 있다. 지방행정관청에서 토지와 건물을 투자하고 생산자조합인 협동조합이 관리 운영하면서 지역 소농과 고령 농민들이 농산물 판매와 함께 지역에서 생산된 식재료를 이용하여 농가레스토랑을 운영하고, 농촌체험까지 하는 도농상생 시스템으로 영세농민들의 소득이 크게 향상되고 있다.

이러한 지역경제 순환시스템으로 지방정부는 농가소득 향상을 통해 일방적으로 혜택을 주는 소비적 복지에서 영세농민들의 자존감을 높여

주는 생산적 농촌복지모델로 자리 잡아가고 있다.

건강한 밥상 꾸러미사업은 완주군 2개 읍, 11개 면 지역에서 소농 중심으로 구성된 영농조합법인에서 운영하고 있는 농산물 직거래 장터다. 농산물 생산자 및 생산일자 표시와 함께 온라인 쇼핑몰 운영과 회원제 운영으로 각 가정에 채소류, 양념류, 장류, 곡류, 가공식품, 반찬류, 유정란 및 과일 등을 정기적으로 배송하고 있다. 현재 100여 개 마을에서 300여 명의 생산자들이 280가지의 농산물을 취급하고 있다.

출처: http://www.hilocalfood.com

밥상 꾸러미사업

공공 급식지원센터 건립은 또 하나의 농산물판매 확대전략이다. 학교급식을 위한 식재료의 전처리 및 세척, 포장, 가공, 콜드체인 시설을 갖추어 지역 농산물 판매단계를 최소화하여 농가소득 향상에 기여하고,

서울시의 도농상생 공공급식 정책에 따라 완주군의 지역 농산물은 지역 공공 급식센터 시설에서 위생적인 처리과정을 거쳐 서울시 강동구 어린이집과 복지시설에 공급하여 지역 농산물 판매시장을 확대해 나가고 있다.

완주군 로컬푸드운동의 효과는 다양하게 나타나고 있다. 지역 소농과 영세 고령 농민들은 매일 생산된 농산물을 스스로 가격을 책정하여 판매함으로써 안정된 소득이 발생하고 있어 농산물 생산에 대한 자긍심을 가지게 되었고, 주변 도시 소비자들은 생산자가 누구인지, 어떻게 생산되었는지, 지역관청에서 농약잔류검사 등 유해성 검사를 통해 안전한 농산물을 보장함으로써 가족과 자신의 건강을 지킬 수 있다는 만족감으로 나타나고 있다. 로컬푸드운동은 도시와 농촌의 순환경제에 큰 효과를 보이며 상생의 경제모델로 자리 잡아가고 있다. 농민들은 과거 소량으로 생산한 농산물은 판로가 없어 버려졌던 농지를 다시 활용하는 비율이 높아지고 있어 지역경제 활성화에도 크게 도움이 되고 있다.

이처럼 로컬푸드 직거래장터의 활성화는 농산물 유통질서를 크게 변화시키고 있고, 농촌의 영세 소농과 고령농들에게 안정적인 소득을 보장하는 생산적 농촌복지모델이 되고 있다. 완주군은 농촌지역 농정정책을 현장에서 성공시킴으로써 국내 농산물에 대한 도시 소비자들의 인식을 변화시켜 해외 농산물의 국내시장 장악을 막는 데 크게 기여하고 있다. 이 한 가지만으로도 완주군은 대한민국 농촌 로컬푸드 1번지,

생산적 농촌복지모델 1번지로 손색이 없다.

8 미래 농산물유통 Farm to Home 플랫폼

가까운 미래에 농산물 식자재유통체계는 냉장고에 식품이 떨어지면, IoT, AI 등 첨단기술이 장착된 Farm to Home 플랫폼시스템이 자동으로 농장에 필요한 식재료를 주문하고. 무인 자율자동차, 드론으로 배달하는 시대가 될 것이다.

무인자율배송 Farm to Home시대의 농업은 농업플랜트산업이 보편화되어 로봇농군들이 농지에서 농사를 짓는 무인농장과 도심 속 공장형농장인 Vertical Farm을 거대자본이 경영하는 기업형 농업이 될 것이다. 이미 초기단계의 기업형 농업이 시작되고 있다. 미국의 대표적인 공장형농장 Vertical Farm 운영사인 AeroFarms는 미국 도심의 한복판과 물과 농지가 부족한 중동에서 공장형농장을 운영하고 있다. 영국의 대형 슈퍼체인을 소유하고 있는 John Lewis Partnership사는 로봇농군이 운영하는 농장에서 생산된 농산물을 자신의 마트에서 판매하는 실험을 시작하였다. 세계 최대 농업기업인 독일의 바이엘(Bayer)사는 농작물의 생산부터 수확까지 자동화하는 Software기술 플랫폼화 사업을 진행 중이다. 이러한 사례들은 가까운 미래에 4차 산업혁명의 바람이 농업에도 거세게 불어닥칠 것임을 예고하고 있다.

Farm to Home 유통플랫폼시대에는 온라인과 결합되지 못한 도심 속 대형마트산업은 쇠퇴할 것이고, 도심 속 공장형농장에서 집까지 다양한 채소류들이 유통플랫폼을 통해 자동으로 주문하고, 자동으로 포장되어 무인자율배송시스템을 통해 원하는 시간에 원하는 장소까지 배달되는 시대가 도래할 것이다. 농촌지역의 무인농장에서는 역할에 따라 기능이 달리 만들어진 로봇농군 Robot Farmer들이 파종하고 잡초를 제거하고 토양을 관리하고 수확까지 할 것이다. 생산된 농산물은 소비자들에게 최대한의 편의를 제공하기 위하여 첨단위생시스템이 갖추어진 무인농산물 가공시설에서 전처리과정을 거쳐 원하는 농산품을 원하는 양만큼 무인자율자동차 또는 무인 드론으로 도시의 가정까지 배송되는 시대가 가까운 미래에 이루어질 것이다.

현재는 그 전 단계로 신선식품 모바일장터시장이 성장하고 있다. 모바일장터 거래의 문제점은 농산물 생산자와 소비자를 연결하는 중간자로서의 역할에 한정되어 있다는 것이다. 따라서 농산물 생산과정에 대한 디테일한 정보 전달이 부족하다.

미래의 먹거리 소비 트렌드는 농산물 생산현장과 전달과정의 정보를 생산자와 소비자가 끊임없이 교환하는 시대가 될 것이다. 생산현장을 방문하여 누가 어떻게 언제 생산하는지를 확인하거나 AR, VR기술의 발달로 언제든지 먹거리의 안전성을 체크하면서 소비하는 시대가 도래할 것이다.

지금은 온라인에서 다양한 먹거리를 손가락으로 주문하는 시대로 신선식품 모바일장터를 운영하는 모바일몰 사업자들이 이끌어가고 있고 그 성장세가 대단하다. 기존 소비자들의 신선식품에 대한 인식은 신선도를 직접 오프라인 마트에서 체크하고 구매하는 패턴이었기 때문에 공산품과 달리 온라인 장터가 성장하기 힘들었다. 하지만 모바일장터를 운영하는 업체들의 빠른 배송과 콜드체인시스템은 AI기능이 탑재된 빅데이터시스템과 융합되어 신선도 유지는 물론 실시간 주문과 재고 그리고 소비자 구매상황을 분석하여 처리하는 정보전달 기능으로 신선식품의 신선도를 유지할 수 있게 되었고, 소비자들의 인식 변화로 구매패턴이 바뀌고 있다. 젊은 주부들의 생활편의 추구와 식품 유통시스템의 발달로 신선식품 모바일장터의 성장은 당분간 지속될 것이다.

우리나라의 대표적인 신선식품 모바일장터 운영업체는 티몬 슈퍼마트, 쿠팡 로켓프레시 그리고 마켓컬리다. 티몬 슈퍼마트는 2015년 6월 모바일 장보기 창을 개설한 이후 3천만 명의 누적고객들이 1억 가지의 신선식품을 구매하였다. 쿠팡은 2018년 뒤늦게 신선식품 새벽배송 서비스인 로켓프레시를 출범하였다. 전날 저녁 자정까지 주문하면 다음날 오전 7시까지 집 앞 현관에 배송되는 시스템이다. 유료고객을 위주로 운영하는 로켓와우클럽의 고객은 이미 100만 명을 넘어섰다. 신선식품 모바일장터를 가장 먼저 오픈한 마켓컬리는 2015년 5월 이후 현재 100만 명의 회원 수를 자랑한다.

　중국의 신선식품 모바일장터 시장은 최첨단기술이 동원된 신유통 생태계의 구축으로 진보하고 있다. 농수축산식품 시장의 규모와 성장성 또한 상상을 초월한다. 이미 중국의 선두 온라인업체들은 모바일 기반 결제시스템을 장악하고 빅데이터, AI 분석기술과 함께 오프라인시장에 진입하여 무인매장과 물류기능까지 동시에 처리하는 신유통 생태계 구축에 나섰다. 신선식품 온라인 매출의 50%를 넘게 장악하고 있는 알리바바, 징둥닷컴이 중국의 신유통 생태계를 선도하고 있다.

　중국 시장조사기관 중상산업연구원(中商产业研究院)은 2020년이면 중국의 농수축산식품 온라인거래는 6,000억 위안으로 약 100조 원의 시장이 될 것으로 예상하고 있다. 현재 중국 신선식품 시장의 폭발적 성장잠재력을 바탕으로 알리바바, 징둥, 바이두 외 4,000여개의 중소 온라인 업체들이 경쟁하고 있다. 칠레산 과일, 뉴질랜드산 분유, 양고기, 캐나다산 바닷가재, 미국산 육류와 과일, 채소 등 징둥닷컴, 알리바바로 대표되는 온라인거래량이 폭발적으로 성장하고 있다.

8.1 신선식품 모바일장터 : 京东生鲜 JD Fresh

　징둥닷컴은 산하 징둥성셴(京东生鲜) JD Fresh 신선식품 자회사를 통해 콜드체인시스템을 갖추고 캐나다 현지에서 바닷가재를 중국의 각

가정까지 48시간 이내에 배송하겠다고
선언했다. 京东生鲜의 핵심 경쟁력인
물류배송시스템이 있어 가능한 이야기

다. JD.com은 중국 전역에 500여 개의 대형물류시설과 30만 개의 택
배시스템을 갖추고 있다. 또한 전 세계 40개국의 300여 개 도시를 연결
하는 항공물류시스템을 보유하고 있어 전 세계의 농수축산물 생산현장
에서 중국의 각 가정까지 배송이 가능하다는 이야기이다. 신선식품 온
라인장터의 생명은 신선도 유지에 있다. 중국의 대형온라인 회사들은
무인물류시스템과 무인배송시스템이 가능한 최첨단 스마트유통시스템
으로 가고 있다. 여기에 지속적으로 고객들의 구매성향이 쌓이면서 빅
데이터 분석기술로 상품생산과 구매 그리고 마케팅과 수요예측에 이르
기까지 수요와 공급을 가장 최적화해 나가고 있다. 수요와 공급의 정확
한 예측은 생산량을 조절하고 재고자산을 감소시키므로 기업이익의 핵
심 경영수단이다. 세계의 대형 온라인기업들은 향후 생산과 유통, 스마
트결제 그리고 물류까지 아우르는 기업으로 성장할 것으로 예상된다.

JD Fresh는 오프라인으로 진출해 7Fresh 신선식품 전용매장을 오픈
했다. 오프라인 매장은 소비자들을 위하여 식품매장과 최고급 레스토
랑 등 복합체험공간으로 활용되고 온라인 소비자들의 배송거점으로 이
용된다. 한반도의 40배가 넘는 넓은 땅과 30배가 넘는 인구에서 신선
식품을 30분 내로 배달하는 시스템은 AI 기반 상담로봇과 빅데이터 분
석기술, 자동화된 물류시스템 그리고 전국에 촘촘하게 자리 잡은 배송

거점과 오프라인 매장이 있기에 가능하다.

8.2 신선식품 모바일장터 : 盒马鲜生(Hema Xiansheng)

온·오프라인 시장이 통합되고 있다. 알리바바의 마윈이 허마셴성(盒马鲜生, Hema Xiansheng)이라는 신선식품 판매 장을 통해 실현시킨 신소매(新零售) 구상 은 온·오프라인이 결합된 신유통방식이  다. 2016년 상하이에서 첫 영업을 시작한 허마셴성(Hema Xiansheng) 은 기존의 마트기능인 신선식품의 품질을 직접 확인하면서 구매하 고, 신선한 식재료를 이용한 레스토랑에서 식재료의 맛을 보면서 온라인으로 구매하는 신선식품 체험형 매장이다. 허마셴성(盒马鲜 生, Hema Xiansheng)은 반경 3km 이내의 각 가정까지 무인배송 시 스템을 갖춘 새로운 개념의 유통체계를 의미한다. 2015년 중국 상 하이에 첫 매장을 오픈한 이후 매년 100%가 넘는 성장세를 보이고 있다. 허마셴성은 2020년까지 중국 전역에 2,000개의 신규 매장을 오픈할 계획을 가지고 있다. 허마셴성의 장점은 모바일로 주문 후 1시간 이내에 신선식품을 받을 수 있다는 데 있다. 오프라인매장이 상품판매뿐만 아니라 첨단물류시스템과 결합된 물류기지의 역할을 하기 때문에 빠른 배송이 가능하다.

향후 온·오프라인 판매망과 소비자의 빅데이터를 소유한 거대 유통자본이 무인농장과 도심 속 공장형농장까지 운영하는 농업플랜트사업으로의 진출이 예상된다.

8.3 신선식품 모바일장터 : 마켓컬리

쿠팡, 이마트몰, 홈플러스몰, 위메프, G마켓 등은 온라인 식료품을 판매하는 Top 5 시장이다. 여기에 신생업체 마켓컬리의 눈부신 성장은 최초의 신선식품 모바일장터 운영자로서 새벽배송시스템을 도입해 소비자들에게 편의를 제공하고, 신선식품의 특성인 신선도 유지로 소비자들로부터 신뢰를 얻어 빠르게 성장하고 있다.

소비자 구매패턴에서 대형마트의 온라인 쇼핑몰과 뚜렷한 차별화를 가지고 있는 마켓컬리의 소비자 구매성향은 간편한 요리를 위한 식료품과 신선한 과일과 채소 그리고 베이커리 등 신선식품 위주다. 대형마트몰에서 가공식품 위주의 대량구매패턴과는 확연한 차이를 보인다. 신선식품 모바일 강자인 마켓컬리는 자사에서 판매하는 신선한 식재료를 이용하여 1인가구 시대와 혼밥시대의 트렌드에 맞춰 HMR 간편가정식 시장을 위한 브랜드인 '컬리 다이닝'으로 80여 종의 제품을 만들어 판매하고 있다.

출처: https://www.facebook.com/marketkurly

미래 소비자들은 보다 안전하고 신선한 먹거리가 언제 어디서 누가 생산했는지를 AR, VR기술이 탑재된 모바일기기로 실시간 확인하면서 구매하게 될 것이다. 또한 식품보존기술과 첨단물류시스템의 발달로 현재 한 나라에 국한된 소비패턴에서 벗어나 주변 나라부터 세계 어느 곳에서 생산된 농산물과 식품이든지 간에 소비자들을 만족시킬 수 있다면 전 세계 소비자들에게 팔려나가게 될 것이다.

9 지속가능한 관광농원 활성화로 농가소득을 향상시키자

저자는 2016년 수차례에 걸쳐 북해도 및 일본의 6차 산업 및 차세대 농업시설의 농장들과 관계기관인 모쿠모쿠농장, 미에현 농업연구소, 도카치 천년의 숲(千年の森), 칫푸베쓰 정(秩父別町)과 구리사와(栗沢)

시민농원, 구루루노모리(クルルの森), 팜도미타(ファーム富田), 후라
노 와인공장, 북해도 가도의 가든, 지토세 연어박물관, 에어워터농원,
대왕와사비농장, 보주야마坊(主山)과 미도리가오카(緑ケ丘), 클라인가
르텐(クラインガルテン), 사이보쿠농원, 몇몇 미치노에키(道の駅)들,
도쿄 시설원예 농업전시회 등을 방문하였다.

여기서 위기를 극복하고 지속가능한 농업으로 자리 잡은 사례로 일
본의 'Farm Tomita' 라벤더 농장과 우리나라에 모쿠모쿠농장으로 알려
진 이가노사토 모쿠모쿠 데즈쿠리팜(伊賀の里 モクモク手づくりファ
ーム)의 사례를 보자.

9.1 경관농업 : 팜도미타(ファーム富田)

일본 홋카이도(北海道)에 위치한 후라노(Furano) 지역은 각양각색
의 꽃과 아름다운 전원풍경으로 잘 알려져 있다. 많은 관광객이 후라노
를 방문하는 이유는 이곳에 위치한 팜도미타 라벤더 꽃밭의 아름다운
풍경을 즐기기 위해서라고 해도 과언이 아닐 정도다. 연간 약 100만
명의 방문객이 라벤더 꽃밭을 보기 위해 6~7월에 방문(방문객의
60~80%)하고 있다. 재배농원의 일부는 관광객을 위해 관광농원으로
조성하였다. 농장에는 라벤더뿐만 아니라 1년 내내 꽃을 감상할 수 있
는 온실시스템도 갖추고 있다. 또한 관광객을 위한 전망대 및 각종 기
념품 숍, 식당시설을 갖추고 있고 오일 추출공정, 라벤더오일을 이용한

비누, 향수 등의 제품을 만드는 과정 등을 관람할 수 있다.

58년 전 북해도 후라노 지역은 250여 농가들이 230ha의 농지에서 농가 수익 작물로 라벤더를 재배하였다. 그러나 1972년 합성원료의 보편화로 지역 라벤더 농가들의 소득이 줄자 견디기 힘든 농가들은 다른 수익작물로 바꾸기 시작했다. 그 결과, 라벤더 농가가 급격히 줄어들었고 일본 라벤더 농가는 후라노 지방에 소수만 남게 되었다. 더욱이 1973년 향료회사가 라벤더오일 매수를 중지하면서 후라노의 라벤더 농가 대부분이 사라지게 되었다.

▲ 농장을 안내해 준 하라다(原田) 상무(우)와 저자(좌)

하지만 '팜도미타' 농장은 라벤더 농업을 고집하며 라벤더를 이용하여 향수와 비누를 비롯한 다양한 제품을 만들어 판매하면서 농장경영을 이어갔다. 수많은 우여곡절을 이겨낸 팜도미타 농장은 1976년 우연히 JR(Japan Railway) 홍보용 달력에 라벤더 농장의 풍경이 소개되면서 관광객이 찾아오기 시작하였다. 이후 각종 드라마 및 영화의 배경으로 매스컴을 통해 더욱 유명해지게 되었고 관광객이 늘어나면서 다시 라벤더를 재배하는 농가가 늘어나 현재와 같은 유명 관광지로 변모하게 되었다. 오늘날 팜도미타 농장은 일본 최대 규모의 라벤더 꽃밭에서 약 9만 포기의 라벤더를 재배하는 관광농장으로 성장하였다. 일본 북해도 후라노 지역은 인구 2,600여 명에 불과한 산골마을이다. 7월은 라벤더 향기 가득한 12ha의 넓은 농장이 온통 보랏빛 수채화 그림처럼 물들어 있었고, 넓은 주차장에는 관광버스와 방문자들의 차량으로 가득 차 있었다. 특이한 점은 일본의 다른 농장들은 입장료를 받았지만, 이곳은 무료입장이었다. 안내인은 처음에 라벤더 농가로 출발하였기 때문에 입장료는 따로 받지 않고 있지만, 방문객들이 농장에서 구매하는 라벤더 제품 판매로도 충분한 이익을 얻고 있다고 하였다. 7월부터 8월 중순까지 라벤더 향기 가득한 시기에 관광객의 70~80%가 방문하고 있고, 8월부터 10월까지는 온실에서 재배한 라벤더 향기를 즐길 수 있다. 최근에는 한국 관광객들이 많이 찾아오고 있어 한국인 직원까지 고용하는 등 정직원 40여 명에, 여름 방문객이 많을 때는 백여 명의 지역 시간제 근로자들을 채용하고 있다. 연간 400L의 라벤더오일을 생산한다. 라벤더꽃 200kg으로 오일 1L와 향수 60~80L를 생산한다. 생산된 라벤더 오일 판매 및 부가가치 증대를 위해 오일을 이용한 350여 가지 제품의 가치를 높이 평가할 수밖에 없었다.

제품 또한 천연 원료로 생산하여 연간 80억 원의 매출을 올리는 팜도미타 농장이야말로 우리가 염원하는 지속가능한 농촌의 모습이었다.

농장을 관광하는데 마침 한국의 한 감독이 영화의 한 장면을 촬영하고 있었다. 일본 JR열차의 달력 배경지로 알려지기 시작하여, 각종 광고 촬영장소 및 홍보책자의 모델로 등장한 'Farm Tomita' 농장은 이제 꺼지지 않은 불이 되었고 지속가능한 농촌관광모델이 되었다. Farm Tomita 농장은 우리의 농업정책에 농촌과 농업을 어떻게 조화롭게 성장 발전시켜 나가야 할지 하나의 답을 제시하고 있었다.

▲ Farm Tomita 농장의 라벤더 제품 판매대

▲ 팜도미타 전경

▲ 농장 방문 전경

▲ 오일 추출실

▲ 팜도미타 농장을 방문한 저자

9.2 농업테마파크 : 이가노사토 모쿠모쿠 데즈쿠리팜 (伊賀の里 モクモク手づくりファーム)

이가노사토 모쿠모쿠 데즈쿠리팜, 모쿠모쿠농장은 단순한 양돈 및 농작물 생산에서 벗어나 가공과 서비스, 관광에까지 영역을 넓혀 농업을 새로운 부가가치를 창출하는 미래산업으로 만들고 있다. 농장이 위치한 미에현(三重県) 이가시(伊賀市)는 오사카와 나고야의 중간쯤에 있으며, 오사카 시내에서 차로 약 1시간 30분 정도 소요된다. 지역인구가 8천여 명으로 작은 마을이다. 산간지역에서 쇠락하던 양돈업을 되살리기 위해 1987년 양돈사업을 시작하여 1988년 5월에 3,800만 엔으로 수제햄 공장을 설립하였다.

출처: http://www.moku-moku.com/

모쿠모쿠농장

2017년 5월 현재 연간 50만 명 이상의 방문자를 기록하는 농업테마파크로 성장하였고, 5만 세대 이상이 등록된 회원제 통신판매 사이트와 11개의 직영레스토랑을 운영하고 있다. 사업분야를 살펴보면, 농산물 생산을 가장 중요한 기반으로 하여 쌀, 채소, 과일, 버섯 등을 1차로 생산하고 유제품, 햄, 소시지, 맥주, 두부, 빵 등 다양한 가공식품을 2차 생산품으로 하고 있다. 3차 서비스산업은 농원을 기반으로 하는 서비스산업으로 돼지 공연을 비롯한 다양한 체험교실, 판매장, 음식, 숙박, 온천 등으로 구성되어 있다. 이외 식육사업부와 통신판매사업부가 있다. 정직원 120명, 계약직원 150명, 파트 및 아르바이트 약 800명, 총 1,300여 명의 직원이 일할 수 있는 고용효과도 만들어냈다. 농장직판장, 숙박, 체험프로그램 운영과 회원제 통신판매 그리고 레스토랑 운영으로 연평균 총 54억 엔의 매출과 1억 엔의 이익을 내어 출자자들에게 3~9%의 이익 배당금을 지급하고 있다.

모쿠모쿠농장은 '맛과 먹거리 안전', '친환경'이라는 모토(motto)를 가지고 자연환경의 보존을 우선시하면서 농축산물의 가공, 지역상표 개발, 체험학습, 어린이들의 심성교육 장소로 제공하는 등 지역농업과 농촌문화를 통하여 생산자와 소비자 간의 소통과 교류를 만들어내고 있다. 이러한 활동으로 지역 관광활성화에 공헌한 공로로 일본 국토교통성의 관광카리스마상을 받았다.

모쿠모쿠농장은 지역을 활성화시킬 수 있는 인재, 특산품, 관광자원이 없어 찾아오는 사람이 없는 평범한 농촌마을에서 시작하였으나 현재는 일본에서 대표적인 유기농산물 생산과 유통 그리고 관광농원 운영 모델의 교과서라 불리는 농촌관광테마파크가 되었다.

모쿠모쿠농장의 7대 사명

1. 농업진흥으로 지역을 활성화한다.
2. 지역의 자연과 농촌문화를 지킨다.
3. 환경문제를 적극적으로 해결한다.
4. 농산물 안전과 맛을 지킨다.
5. 지식과 생각을 소비자와 함께 나눈다.
6. 마음의 풍요, 미소, 활기찬 직장환경을 만든다.
7. 협동정신을 우선으로 법과 규칙을 준수한다.

출처: http://www.moku-moku.com

　모쿠모쿠농장이 걸어온 길에서 항상 성공만 있지는 않았다. 젖소농장은 브랜드 가치가 높아 수익성을 기대하며 양돈농가의 부진을 만회하기 위하여 시작하였지만 생각과 달리 제품과 마케팅 실패로 소비자들로부터 인정받지 못해 사업을 중단하게 되었다. 대신 기존 양돈산업에서 돼지고기를 판매하는 것만으로는 수익성이 낮아 부가가치를 높이기 위하여 햄과 소시지를 만들어 마케팅한 결과 성공을 거두었다. 또한 소비자들에게 제품을 어떻게 안전하게 만들어 판매하는지를 분명하게 전달하기 위하여 햄 만들기 생산과정 체험교실을 개설하고, 돼지테마파크를 시작하였다. 오늘날에는 쉽게 접할 수 있는 체험교실이지만 그 당시 일본에서 처음으로 운영되는 체험교실은 큰 인기를 얻었다. 이와 같이 모쿠모쿠농장의 농업은 농산물을 생산만 하는 곳이 아니라 배우고, 즐기면서 체험하는 농업테마파크 개념을 제시하고 있다. 농업테마파크로의 변신은 도시 소비자들에게 안전한 먹거리의 생산과정을 직접 체험하게 함으로써 신뢰할 수 있는 농산물로 인식되어 다소 비싸지만 판매가 증가하는 데 큰 영향을 주었다. 이러한 체험마케팅으로 안심하고 먹을 수 있는 농산물이라는 소비자인식변화가 생기면서 지인에게 선물 보내고 싶은 농산품으로 명성을 얻게 되었다.

　농산물 생산과 체험농장 운영은 농업의 계절적 특성상 주말과 평일에 따라 매출 차이가 매우 커 이를 해결하기 위한 방안으로 방문객들을 위한 식당을 운영하여 쌀, 채소, 맥주 등 농산품목을 직접 만들어 직영레스토랑에 공급하고 있다. 현재는 쌀을 비롯하여 여러 가지 작물을 직접 재배하고 이들을 가공해서 부가가치를 높여 판매까지 하고 있다. 오늘날의 모쿠모쿠농장은 생산된 농산물의 재고를 줄이고 소비를 진작시키기 위해 자체적으로 유기농산물 레스토랑을 운영하여 현재는 11개의 직영 레스토랑이 있다. 돼지농장에서 생산되고 있는 돈육을 이용하여 햄, 소시지 등 다양한 가공품과 젖소 20여 마리에서 얻는 우유로 유제품, 빵을 만들고 맥주, 두부 등 300여 가지의 농가공품을 판매하는 종합농식품기업으로 성장하였다. 농장에는 지역주민들을 위한 로컬푸드 직판장을 운영하고 있다. 농촌체험교실은 현장에서 근무하는 직원들의 아이디어를 적극 반영하여 현재 80여 프로그램으로 환경보존과 농업의 가치를 전달하고 있다. 회원제 운영으로 시작한 농장의 회원은 현재 5만여 명이나 된다.

모쿠모쿠농장의 7가지 방침(テーゼ)

1. 농업진흥으로 지역을 활성화 한다.
2. 지역의 자연과 농촌문화를 지킨다.
3. 환경문제를 적극적으로 해결한다.
4. 먹거리의 안전과 맛을 지킨다.
5. 지식과 생각을 소비자와 함께 나눈다.
6. 마음의 풍요, 미소, 활기찬 직장환경을 만든다.
7. 협동정신을 우선으로 법과 규칙을 준수한다.

출처: http://www.moku-moku.com

▲ 모쿠모쿠농장 마쓰나가 시게루
(松永 茂) 부장과 함께

▲ 모쿠모쿠 안내도

　"젊은이들에게 꿈과 기대를 심어주고 또 발상만 전환하면 농업도 충분히 경쟁력 있는 산업이 될 수 있다는 믿음으로 이 사업을 시작했다."는 모쿠모쿠농장 창업주 기무라 오사무(木村 修)의 말처럼, 농산물 생산과 가공, 여기에 유통과 서비스, 관광을 결합하면 농업도 새로운 부가가치를 창출할 수 있는 미래산업이 될 수 있다는 사실을 모쿠모쿠농장은 잘 보여주고 있다.

▲ 농산물직판장

▲ 농산물직판장 내부

▲ 가공식품판매장

▲ 수제맥주 제조장

▲ 숙박시설 내부

▲ 모쿠모쿠 숙박시설

▲ 동물공연장

▲ 아기돼지 체험장

▲ 모쿠모쿠농장 레스토랑 거리　　　　▲ 조식뷔페 레스토랑

모쿠모쿠농장 방문현장에서 저자

9.3 고창 청보리밭 축제

　농작물이 성장하는 아름다운 광경과 주변 자연경관이 잘 어우러진 아름다운 장면을 경관농업이라고 한다. 우리나라에도 경관농업으로 지속가능한 농촌관광모델이 있다. 연간 200억 원의 경제효과를 얻고 있는 전북 고창의 청보리밭 축제 이야기다. 고창 청보리밭 축제 성공 이야기 뒤에는 『180억 공무원』의 저자 김가성 전 신림면장이 있다. "'국민이 만들어준 천금과도 같은 예산 3천만 원을 무의미하게 낭비되는 비용으로 사용할 수도 있지만, 국민의 혈세를 종잣돈 삼아 수익창출을 할 수도 있다. 공무원의 지혜와 몸 그리고 시간으로 나라 살림을 경영하는 기업가가 되어야 대한민국에 미래가 있다'라는 일념으로 지속가능한 농촌의 성공모델을 만들어냈다. '공무원이 결심하면 대한민국이 바뀐다.'"(저자의 글 중에서)

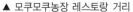

▲ 고창군 청보리밭을 방문한 저자

　매년 4월 중순부터 5월 중순이 되면 전북 고창군에는 청보리밭 축제가 열린다. 30만 평의 대지 위에 연간 50만 명이 찾는 우리나라 경관농업 1호 농장이다. 1970년대에는 한우사육을 위한 목초 재배지로, 1980년대에는 수박과 보리 그리고 땅콩 재배지로 땅을 활용하였지만 지속가능한 농업의 모습은 아니었다. 1992년 보리와 콩 그리고 화훼를 대량으로 심었지만 큰 소득이 없었다. 우여곡절의 농사일이었지만 2004년부터 한 공무원의 열정과 집념으로 시작된 청보리밭 축제로 관광객이 증가하자 봄에는 보리를 심고, 가을에는 메밀을 심어 농장을 한 폭의 그림 같은 풍경으로 바꾸어 놓았다. 그 결과 전국 최초로 경관농업특구로 지정되었고, 아름다운 보리밭에 사진작가들은 물론 여행 동호인 그리고 관광객들이 몰려들기 시작했다. 다채로운 공연과 보리밭 길놀이, 보리밭 샛길 걷기, 널뛰기, 마름 엮기, 새끼꼬기, 보리피리 불기 등 사라져간 옛 전통놀이를 되살려 관광객들에게 과거로의 체험을 제공한다. 먹거리 또한 옛 전통음식들이다. 보리밥, 보리개떡, 강정, 고추장 등 외에도 다양한 국악 공연과 문화행사, 국제 경관농업 사진전시회 그리고 관광농업 국제학술대회와 함께 지역 농특산물 판매도 이루어진다. 축제의 주제는 매년 달라지는데, 2005년 '지역문화의 재발견' 2006년에는 '좋은 농산물과의 만남', 2007년은 '경관농업과의 만남' 그리고 2008년에는 '자연과 사람의 아름다운 하모니'라는 주제로 개최되었다. 고창의 청보리밭 축제는 봄에 청보리밭이, 가을에 메밀꽃이 주변의 자연경관과 함께 만들어낸 우리나라 최초의 경관농업으로 선정되었다. 지금은 드라마 촬영장소로, 작품사진 배경으로, 농작물 생산으로 얻는 소득보다 농작물을 이용한 경제적 효과가 지역주민들에게까지 파급되고 있다. 정부와 지방자치단체는 보다 다양한 농작물을 활용하여 제2, 제3의 경관농업으로 지속가능한 농촌마을들을 성장시켜 나갈 필요가 있다.

⑩ 전국 고속도로 휴게소를 지역농민들의 농산물과 토속음식 판매장으로 활용하자

전국 고속도로 휴게소를 각 지방자치단체의 농산물과 토속음식 판매소로 활용하자. 전국의 고속도로는 도로 이용객들에게 각 지방 농산물과 토속음식 품평회 장소가 될 것이다. 전국 지방자치단체는 자연스럽게 농산물과 토속음식의 품질을 향상시키려 노력할 것이고, 자기 지역의 이미지 개선을 위해 서비스정신도 높아질 것이다. 결과적으로 농산물 판매와 품질 향상으로 농업발전에 기여하는 장터가 될 것이다.

2017년 말 기준으로 한국도로공사가 운영하는 우리나라 고속도로는 30개 노선으로 총 길이는 4,113km이며, 민자노선 680km를 포함하면 38개 노선으로 4,717km이다.(2017 고속도로 교통량 통계, 2018, 한국도로공사) 하루 평균 4,347천 대의 자동차가 평균 56.5km를 이동하고, 매일 180만여 명, 연간 6억 5천만 명 이상이 고속도로와 199개의 휴게소를 이용하고 있다. 우리나라 사람들은 연간 10회 이상을 고속도로를 달리며 연간 3조 5천억 원이 넘는 엄청난 돈을 고속도로 위에서 소비하고 있다. 2020년이면 고속도로 전체 길이 5천 킬로미터로 국토면적 대비 고속도로 길이가 세계에서 가장 긴 나라가 될 것이다.

이 엄청난 도로 위의 시장을 농민들에게 돌려주자. 다시 말하면 도로 위 휴게소를 해당 지역 농민들의 농산물 판매의 장으로 만들자. 휴게소의 가장 큰 역할인 먹거리를 해당 지역에서 생산된 신선한 농산물로 요리되는 토속음식 홍보의 장으로 만들어주자. 우리나라 국민들 의식 속에는 각 지역의 특산품이 존재한다. 현재 일부나마 이들 특산물이 생산되는 휴게소의 경우 해당지역 휴게소 매출 1위 품목으로 나타나는 예가 있다. 천안휴게소의 호두과자는 전국 휴게소의 간식이 되었고, 공주휴게소의 알밤, 횡성휴게소의 한우국밥, 안동휴게소의 간고등어 정식, 춘천휴게소의 버섯닭갈비정식 등 지역 특산품을 활용한 음식들이 고속도로 이용자들에게 인기 메뉴로 애용되고 있다. 현재 우리나라 고속도로 전국 휴게소에 농특산물 판매장터를 만들어 농민들 스스로 자립할 수 있는 길을 열어주자.

저자는 지난 2016년 일본의 농촌과 농업 그리고 농산물 판매시설을 둘러보기 위해 북해도를 비롯하여 일본의 농촌지역을 방문하였다. 일본도로의 한 가지 특징은 미치노에키(道の駅)라 불리는 1,150여 개의 휴게소가 일반도로(국도 및 지방도)에 있으면서 농촌지역의 농산물 판매에 큰 역할을 한다는 것이다. 도로 이용자들은 미치노에키에서 지역의 농특산물을 구매하고, 지역의 특색 있고 신선한 농산물로 만들어진 다양한 토속음식을 맛볼 수 있을 뿐 아니라, 지역의 문화와 관광정보를 얻을 수 있는 장소로 이용하고 있었다. 또한, 지역민들이 상호 교류하는 장소로, 다양한 지역문화 행사장으로 이용하는 장소로서의 중심 역할도 하고 있었다.

우리의 현실에서 전국 일반도로를 기반으로 농산물 판매소를 지역마다 만들 수는 없다. 이미 만들어진 고속도로 휴게소를 농산물 판매 및 토속음식 판매장소로 활용하여 농산물과 토속음식 품평회의 장으로 활용하는 방안을 찾는 것이 합리적이다. 농민들이 연간 6억 명 이상의 고객을 도로 위 농산물 판매현장에서 직접 만날 수 있도록 하여 농산물 판로문제를 해결할 수 있다면 농가소득에 크게 도움이 될 것이다. 고속도로 이용자들 또한 지역 특산물을 더욱 쉽게 구매할 수 있는 기회가 많아지고, 신선한 농산물로 만들어진 토속 먹거리에 쉽게 접근할 수 있는 편의성이 있다. 연 매출액 3조 5천억 원에 가까운 농산물 판매장을 길 위의 장터인 고속도로 휴게소에 만들자는 제안은 현실화하는 데 그리 어려움이 없다. 정부의 의지의 문제일 뿐이다. 이미 민간에 운영권한을 양도하고 임대료를 받고 있기 때문이다. 일부 휴게소에서 농산물 판매장을 시범적으로 열고 있지만 소극적 운영으로 그 역할이 미미하다.

일본의 휴게소 개념과 사례들을 살펴보면, 일반도로 휴게소와 고속도로 휴게소를 연계하여 도로 이용자들에게 편익을 제공하는 데까지 발전하고 있어 일본의 미치노에키는 도농 간의 다양한 교류를 통해 지역사회에 경제적 이익과 활력을 주고 있다. 일본의 미치노에키는 도로 이용자들에게 편안한 휴식과 지역 농산물로 만든 먹거리 제공은 물론 지역의 관광정보 및 지역에서 생산된 신선한 농산물이나 특산물을 구매할 수 있는 장소로 활용되고 있다. 결과적으로 지역민들에게는 경제적 소득 증대와 함께 활력과 생기를 불어넣는 기능을 하고 있다.

미치노에키의 역할과 효과를 일본의 국토교통성 공식 홈페이지의 자료를 통해 분석해 보면, 첫째, 24시간 무료로 이용할 수 있는 주차장과 화장실 제공, 휴식기능을 통해 안전하고 쾌적한 도로교통환경을 제공하고 있다. 둘째, 도로정보, 관광정보, 응급의료정보 등의 정보제공기능을 가지고 있다. 셋째, 문화, 교양시설, 관광, 휴양시설 등 지역문화시설에서 지역민들과 도시민들이 교류할 수 있는 지역연계기능이 있다.

미치노에키(道の駅)의 개념

개념: 일본 국토교통성에 등록된 도로 휴게시설로 휴식기능, 정보발신기능, 지역연계기능의 3가지 기능이 겸비된 시설로 각 지자체와 도로 관리자가 제휴하여 설치

목적: 장거리 운전, 여성 및 고령운전자의 증가로 도로 이용자들이 안심하고 자유롭게 이용할 수 있는 휴식공간 제공

휴식기능: 도로 이용자를 위해 24시간 무료로 이용할 수 있는 주차장과 화장실 및 편의시설 제공

정보발신기능: 도로 이용자 및 지역민들을 위한 도로정보, 지역 관광정보, 긴급의료 정보를 제공

지역연계기능: 문화교양시설, 관광 레크리에이션 시설 등을 지역주민들과 연계하고 지역 진흥을 위한 시설 제공

출처: https://www.mlit.go.jp/

일본 미치노에키는 지역의 관광정보를 제공하고, 농산물 홍보와 판매 그리고 토속음식 판매로 경제적 소득 향상과 고용 증대효과까지 나타나고 있다. 또한 도시민, 지역민들과 농산물 생산자들이 교류의 장으로 활용하면서 지역커뮤니티가 확대되고 있다. 최근에는 지진을 비롯한 각종 재해대책의 거점으로 활용함으로써 방재거점기능을 하는 곳도 있다. 일본 정부는 향후 지속적으로 고속도로와 지방 국도를 연계하여 도로 이용자들에게 편익을 제공할 계획이다. 미치노에키 농산물 판매장마다 지역의 특색과 개성을 표현하고, 문화, 관광 그리고 농산물 정

보까지 다양한 이벤트를 개최하여 도로 이용자들이 즐길 수 있는 서비스를 제공함으로써 농촌지역의 소득향상으로 이어질 수 있도록 다양한 정책을 펴고 있다.

출처: 일본 국토교통성

일본 전국의 미치노에키(道の駅) 분포현황

10.1 일본 미치노에키(道の駅)의 탄생과 진화

일본의 미치노에키(道の駅)는 우리나라 휴게소의 개념과 비슷하지만, 시설내용과 운영방법 그리고 규모에 있어 많은 차이가 있다. 미치노에키는 도시민들과 농촌지역민들의 교류의 장으로서 지역경제 활성에 중요한 역할을 하고 있기 때문이다. 초기의 미치노에키(道の駅)는 장거리 운전자 증가, 여성 및 고령 운전자의 증가에 대응하여 원활한

교통의 흐름을 위해 고속도로 이외의 도로이용자가 자유롭게 안심하고 이용할 수 있는 쾌적한 휴식을 위한 공간으로 만들어졌다.

　1988년 니가타현 도요사카 지역에 처음으로 설치된 이후 1993년 관련 제도가 만들어지면서 103곳이 등록한 것을 시작으로 해마다 증가하여 2018년 4월에는 일본 전국에 1,145개가 설치되었다.

▲ 1988년 11월 니가타현 도요사카 국토교통성에 의해 설치된 최초의 미치노에키에서 저자

　가장 많이 증가한 해에는 81개소가 만들어졌다. 초기의 급속한 증가로 비슷한 시설들이 난립하게 되었고 한동안 방문객이 줄고 매출도 감소하는 현상이 증가하였다. 초기에는 운전 중 들리는 휴게소와 지역특산물을 파는 곳으로만 인식되었으나, 최근에는 미치노에키 운영주체부터 독자적인 지역특성을 반영해 지역경제 활성화 방향으로 운영하고 있다. 그 결과 현재 일본에서 미치노에키의 위상은 지역

발전의 핵심장소일 뿐만 아니라 단순히 여행 중 들르는 휴식공간으로서의 휴게소가 아닌 여행의 목적지가 되고 있다. 일반 도로의 미치노에키(道の駅)를 고속도로 휴게시설로 활용하기 위한 시범사업은 2017년 5월부터 시작되었다. 일본 전국에는 고속도로 휴게시설이 25km 이상 떨어진 공백구간이 약 100군데 존재한다. 일본 국토교통성은 휴게시설 부족에 대응하기 위하여 일반국도 휴게소인 미치노에키를 고속도로와 연계하여 이용자들에게 편익을 제공하기 위한 제도를 시행하고 있다.

고속도로 나들목을 활용한 미치노에키 운영 시범사업의 사례를 보면, 한국의 하이패스 시스템과 비슷한 ETC 2.0을 탑재한 차량만을 대상으로 각 진출입로인 IC를 지나 고속도로를 일시적으로 나와서 미치노에키 휴게소를 이용하고 1시간 이내에 고속도로로 재진입하면 추가요금이 부과되지 않는 제도이다. 또한 100km 이상 장거리 운전자들에게 이와 같은 할인혜택을 그대로 적용하여 좋은 반응을 얻고 있다.

일본 각 지역의 미치노에키 농산물직판소들이 성장하는 이유를 살펴보면, 우선 생산자들의 경제적 측면에서 중간유통이 배제되어 농산물 판매수익이 증대되었고, 생산농가 스스로 가격을 결정하여 판매함으로써 고령농가들까지 생산의욕이 증가하고 있다는 점이다. 둘째는 생산농가들이 직판장에서 자신이 생산한 농특산품이 얼마나 잘 팔리는지 매일 확인이 가능하여 고객들의 반응을 직접 확인할 수 있다는 점이다. 미치노에키는 도농 교류 접점의 장터로 인식되어 고령자 및 여성들의 참여가 많은 것이 특징이다. 셋째는 소비자 입장에서 자신이 먹는 식재료의 생산자가 누구인지 알 수 있고, 신선한 먹거리를 매일매일 저렴한 가격으로 구매할 수 있을 뿐 아니라 지역문화와 관광체험까지 가능하기 때문에 각 지역의 미치노에키를 단순한 먹거리 구매처가 아니라 일종의 레저수준으로 인식이 변하고 있다는 점이다.

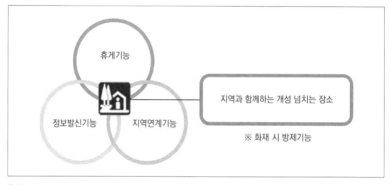

출처: www.mlit.go.jp/road/Michi-no-Eki/outline.html

미치노에키의 목적과 기능

이러한 미치노에키의 진화에는 일본 국토교통성의 다양한 노력과 정책의 영향이 크게 좌우하였다. 이용형태별 사례 몇 가지를 일본 국토교통성의 고속도로 이용정보를 통해 소개해 본다.

10.2 하이웨이 오아시스

고속도로 이용객들이 일반도로 휴게소를 이용할 수 있는 시설은 1990년에 일본의 야마구치에서 최초로 생겼다. SA(Service Area) 및 PA(Park Area)는 고속도로 휴게소 이용자들에게 주변지역 레저시설 등을 사용할 수 있도록 하여 지역 활성화와 고속도로 이용자들의 편의성 향상을 목적으로 한 연계시스템이다. 시설의 형태는 지역의 특성을 살린 문화시설을 중심으로 레크리에이션 기능, 쇼핑몰, 도시 공원 등을 갖춘 레저시설들로 구성되어 있다. 고속도로 주차장과 진흥지역에 있는 다양한 편의시설들을 연결하여 이용 가능한 것이 큰 특징이다.

1998년 '고속자동차 국도법' 개정 이후 고속도로와 일반도로의 휴게소 연계체계는 전국 각지에 설치되었고 편의에 따라 스마트 IC가 설치되기도 했다. 고속도로 이용자들과 지역민들에게 편익 증대효과가 있다는 판단으로 일본 정부는 고속도로 휴게소와 연계하여 지역거점 정비사업을 제도화하여 전국 고속도로를 대상으로 확대 운영하고 있다. 현재 하이웨이 오아시스는 일반 도로의 미치노에키와 연계하는 사업으로 확대 운영되고 있다.

출처: https://www.facebook.com/WebikeJapan

미치노에키의 고속도로 휴게소로의 활용 개념도 : 신시로 IC

출처: 오부세 하이웨이 오아시스 홈페이지

미치노에키를 이용한 오부세 하이웨이 오아시스의 사례

출처: 카리야 하이웨이 오아시스 홈페이지

카리야(刈谷) 하이웨이 오아시스의 전경

10.3 프랏토파크(ぷらっとパーク, plat park)

일반도로에서 고속도로 휴게시설을 이용할 수 있다는 점에서 하이웨이 오아시스와 다른 시스템이다. 고속도로 휴게소 상업시설의 이용을 촉진하기 위하여 업무용 출입구를 일반 이용자들에게 개방하여 편익을 제공하고 있다. 차량은 프랏토파크로 들어갈 수 없고, 사람만 이동이 가능하다. 하이웨이 오아시스와 비슷하지만 고속도로 이용자들이 인접한 미치노에키 시설을 이용할 수 있는 부분과 일반도로 이용자들이 고속도로 휴게소인 프랏토파크를 이용하는 부분에서 차이가 있다. 프랏토파크 이용은 24시간 가능한 곳도 있지만 정해진 시간 외에는 폐쇄하는 곳도 있다. 또한 프랏토파크에서 근무하는 직원들이 주차하는 주차장은 협소하기 때문에 주차의 어려움도 감수해야 한다.

프랏토파크(ぷらっとパーク, plat park)의 개념도

출처: http://highwaypost.c-nexco.co.jp

프랏토파크(ぷらっとパーク, plat park)의 일반도로 이용자를 위한 주차장

⑪ 학교, 의료, 문화 및 공동체의식 수준을 높여야 살고 싶은 농촌을 만들 수 있다

전국 지자체와 중앙정부에서 매년 귀농·귀촌에 많은 세금을 투입하고 있다. 대부분이 직접지원이다. 오늘의 농촌현실을 보면, 정부와 지자체의 귀농정책과 예산편성 및 지원에는 한계가 있다는 결론이다. 왜냐하면, 지속가능한 농업과는 거리가 먼 정치적 측면, 단기성과 측면 그리고 보여주기 측면에서 예산이 반복적으로 집행되고 있기 때문이다. 특히, 귀농, 귀촌 예산은 농촌 및 농업의 공동화 방지와 경쟁력 향상에 투입해야 함에도 불구하고, 농촌에 살고 싶다는 이유만으로 귀농·귀촌인들에게 예산을 투입한 결과는 별 효과가 없는 소모성 예산에 불과한 측면이 강하게 나타나고 있다. 살고 싶은 농촌, 지속가능한 농업에 정책이 집중되어야 하고, 예산이 지속적으로 투입되어야 한다.

유럽의 선진농업은 분명한 존재가치와 철학을 바탕으로 지속적이고 일관성 있는 농업정책을 유지하여 왔다. 독일의 경우 Green Plan 정책으로 농촌을 지속적으로 지원 관리해 온 결과 전체 인구의 2% 남짓되는 농촌은 도시와 같은 삶의 질과 행복을 누리고 있다. 정치환경에 따라 바뀌는 우리의 농업정책과는 다른 결과다. 우리나라는 농업관련 기관들과 정부의 정책이 소득 증대와 잘사는 농촌에 초점이 맞춰져 지원해 왔지만 결과적으로 농촌과 농업의 경쟁력 그리고 농민들의 삶의 질은 별반 나아지지 않았다. 대부분의 농촌과 농업에 대한 지원이 지속가능한 농업에 지원하지 않고 일회성, 정치성 예산지원이었기 때문이다. 농업과 농촌이 살길은 분명한 철학과 목적을 제시하고 한 방향으로 지속적인 농정정책이 유지, 관리되어야 할 필요가 있는 이유이다.

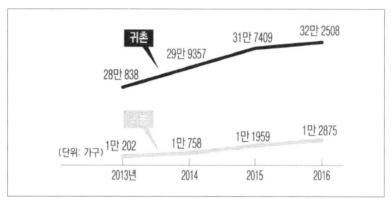

최근 4년간 전국 귀농·귀촌 가구 수 현황

앞으로 정부와 지자체의 귀농, 귀촌 예산은 농촌생활에서 가장 시급한 의료·교육·문화 수준을 높일 수 있도록 간접예산 투입이 많아야 한다. 다음으로, 농작물 생산교육과 농산물유통 문제해결 그리고 도농 간의 교류 활성화 방안으로 농가소득 향상을 위한 정책에 예산을 투입해야 한다.

농림축산식품부의 발표자료에 따르면, 의료기관당 인구 수는 농촌이 도시의 두 배에 가깝다. 농촌지역에는 의료의 질적 수준과 의료기관이 턱없이 부족하다. 2016년 농림축산식품부의 조사결과 발표자료에 따르면 귀농가구의 32%가 문화·여가활동에 어려움이 있다고 답했다. 전체 30%의 답변자들이 문화·체육, 교육·임신, 출산과 양육에 필요한 공공시설의 필요성을 말하고 있다. 농촌에 삶의 질 향상을 위한 시설이 있어야 농촌과 농업의 공동화현상을 방지할 수 있다. 하지만 정부와 지자체의 지원정책은 주거문제 지원과 농지 및 농업시설 확보 그리고 농촌으로의 이주 그 자체에 대한 직접지원을 가장 우선하고 있다. 실제로 농식품부의 "귀농·귀촌 실태조사" 자료를 보면, 귀촌인 가구 30%와 귀농인 가구 35.0%는 각각 '주택구입 및 임대자금 지원'과 '농지·농업시설 자금지원 정책'이 필요하다고 답했고, 정부와 지자체의 지원예산도 여기에 맞춰져 매년 반복적으로 직접지원을 하고 있다. 귀농은 돈 줘서 될 일이 아니다. 농촌에 의료, 학교, 문화 그리고 농산물 유통문제 해결 등이 우선 이루어져야 한다.

2010년을 기점으로 귀농·귀촌 인구가 급증하고 있는 데는 전국 지방자치단체들의 귀농·귀촌지원센터도 한몫했다. 하지만 양적 성장에 비해 질적 성장은 미미하다. 문제는 귀농인과 귀촌인들이 뒤섞여 지원을 받고 있다는 데 문제가 있다. 귀촌인들보다 귀농인들에게 안정된 정착과 지속적으로 일정한 소득을 얻을 수 있도록 정책을 펴야 한다. 실제로 귀농·귀촌 인구의 10% 정도는 다시 도시로 돌아가거나, 타 농촌지역으로 이주하고 있다. 이들의 40%는 의료, 교통 등 생활의 불편 때문이라고 답한다. 또한 대부분의 귀농·귀촌 인구는 은퇴 전후의 장·노년층으로 농업의 미래성장과 지속가능한 농업의 경쟁력 확보와

는 거리가 멀다. 40대 미만 귀농은 전체의 10% 미만이다. 농업의 미래를 위해서는 귀촌의 숫자가 중요한 것이 아니다. 귀농 예산지원의 목적을 명확히 하고, 직접지원보다 농촌지역의 삶의 질 향상 등 간접지원을 통해 젊은 귀농인들이 정착할 수 있도록 환경을 개선해야 농업의 미래가 있다.

우리나라 농업예산   (단위: 억 원)

구 분	2015년(a)	2016년(b)	증감률(b/a)
합 계	193,065	193,946	0.5
농업·농촌	144,862	145,182	0.2
수산·어촌	19,952	20,321	1.8
임업·산촌	19,854	20,240	1.9
식품업	8,397	8,203	△ 2.3

출처: 농림축산식품부

지속가능한 농촌의 모델이 되고 있는 일본의 가와바마을을 소개한다. 수십 년 동안 일관된 방향으로 지속적으로 투자한 결과 산간 오지의 산촌마을이 오늘날 해외로 농산품과 브랜드까지 수출하는 마을이 되었다.

11.1 가와바 전원플라자(川場田園プラザ)

'가와바 전원플라자' 미치노에키(道の駅)는 군마현(群馬県) 도네군

(利根郡) 가와바무라(川場村)에 있다. 일본 미
치노에키의 모델로 선정된 우수사례 중 1곳이
다. 최근에는 전국 미치노에키 수상 순위 1위
를 차지하는 등 대부분의 각종 순위 평가에서
상위권을 차지하고 있다. 연간 200만 명 이상의 관광객들이 찾는 이곳
은 인구가 4천 명도 채 되지 않는 일본의 작은 마을이다. 한번 방문한
관광객들은 70% 이상이 다시 찾을 정도로 다양한 먹거리와 농산물 그
리고 지역문화를 제공한다. 평범한 온천관광지구와 식상한 골프장 건
립은 반대한다. 가와바마을만의 독창적인 농촌마을을 만들게 된 이유
이다. 이는 미래를 보는 한 사람의 강한 리더가 있어 가능했다. 농촌
자연환경을 이용한 휴식공간, 안전한 먹거리 생산, 5ha의 대지 위에 지
역농산물을 판매하는 미치노에키와 다양한 휴게시설 설치로 도시민들
과 교류의 장터를 만들어 찾고 싶은 농촌마을로 만들어나갔다. 가와바
전원플라자는 하루 종일 즐겁게 놀고 먹고 즐길 수 있는 휴게소라는
모토로 농업에 관광을 플러스한 도시민들을 위한 휴식처다. 임야가
80% 이상인 마을의 산림자원을 활용한 숲을 조성하고, 산과 어우러진
건강촌을 건설하여 어린이들의 자연학습장으로 이용하고 있다. 지역
농산물을 이용하여 다양한 체험학습 그리고 도시민들의 휴식공간으로
활용되어 매년 수만 명이 머무는 산 중턱에는 자연과 조화된 건강테마
촌이 있다.

출처: https://www.denenplaza.co.jp/

가와바 전원플라자 전경

　가와바마을은 산림자원이 대부분인 산촌마을이다. 평야지대에서 대량생산하는 쌀을 포함한 농산물과 경쟁할 수 없는 환경적 불리함을 딛고 농업과 농촌관광을 통해 장기적이고 세밀한 전략을 수립하여 추진한 결과 오늘의 가와바마을이 탄생하였다.

각종 이벤트 개최를 통한 관광객 및 주민 간의 교류모습

출처: https://www.denenplaza.co.jp/

미치노에키 내에서 운영되는 파머스마켓 전경

소규모 논에서 생산된 쌀 브랜드 '유키호타카'는 세계적인 밥맛을 자랑하는 명품 쌀로 유명하다. 대량생산 대신 품질로 평가받아 높은 가격을 받는 전략이다. 산간 산촌마을의 특성을 활용하여 목재를 가공하여 저장하고, 폐목재를 이용한 바이오매스 발전소를 설치하여 판매하고, 발생되는 폐열로 딸기 재배 하우스를 만들고, 산속에 산림자원과 잘 어울리는 휴양마을을 만드는 등 주어진 자연자원을 잘 활용하여 최고가 된 마을이다. 마을에서 언제나 친절한 관광안내소는 직원들이 상주하여 숙박, 체험, 각종 시설에 대하여 친절한 설명과 함께 안내하고, 빵, 햄, 유제품 그리고 맥주까지 직접 만드는 체험공방이 있어 수백 종류의 제품을 생산하여 판매하고 있다. 지금은 한국 등 해외로 수출까지 할 만큼 인기가 있다. 최근의 가와바 전원플라자는 마을에서 생산되는 제품들과 마을에서 운영하는 레스토랑의 메뉴로 가맹 프랜차이즈 사업을 시작하였다. 시골마을도 기업이 될 수 있는 모범사례를 보여주고 있다.

출처: https://www.denenplaza.co.jp/

가와바 전원플라자의 브랜드

1970년대 중반 소박한 아이디어로 시작된 마을 만들기 사업은 일관성 있는 목표를 가지고 10년 장기계획을 단계별로 수립하여 농지정리, 자연과 잘 어우러진 숙박시설, 산림자원을 이용한 도시어린이 학습장 등 농업과 관광을 기본으로 추진하였다. 건강촌과 같이 필요한 테마를 만들기 전에 전문가들에게 자문을 구하여 객관적이고 합리적인 농촌관광지로 만들기 위하여 비전을 갖고 투명하게 추진되었다. 두 번째 단계는 마을의 대부분을 차지하는 산림자원 정비사업이었다. 산림을 정비하여 숲 가꾸기 교실을 어린이, 일반인, 전문가과정으로 나누어 운영하면서 도시민들이 찾아오는 숲으로 만들었을 뿐 아니라, 숲속에 숙박시설과 체험활동을 할 수 있는 휴식처를 만들어 머무는 곳으로 만들었다. 다음 단계로 문화교류사업, 농산물 브랜드화 사업, 휴경지를 경작지로 전환, 자연환경을 지속적으로 보존하기 위한 방안 등의 사업을 통해 젊은이들이 살고 싶은 농촌으로 만들었고 고령 농업인들의 노후가 보장되고 도시와 농촌이 상생하는 농촌마을로 만들어나갔다. 가와바마을은 수십 년 동안 뚜렷한 장기목표를 가지고 꾸준하고 일관된 마을정책으로 지속가능한 농촌마을을 만든 결과, 오늘날에는 해외로 농가공식품을 수출까지 하는, 누구나 찾고 싶고 살고 싶은 농촌마을이 되었다.

우리나라의 다양한 마을 만들기 사업들은 불투명한 일 처리는 물론 단기간에 성과를 만들려는 조급함과 정부의 정책이 일관되지 않는 모순들로 인하여 투입된 많은 예산에도 불구하고 농촌경제에 주는 결실의 수준이 매우 낮은 문제점이 있다.

11.2 세시풍속 문화콘텐츠로 농촌문화 부흥시키자

대도시 문화예술회관의 대공연장에서 공연되는 문화만이 공연문화의 전부가 아니다. 우리의 세시풍속문화는 모두 트인 공간인 밖에서 행해지는 문화였다. 수천 년을 이어 내려온 전통문화인 세시풍속의 콘텐츠는 매우 풍성하다. 전국 세시풍속문화를 합치면 무려 2,200가지가 넘는다. 정월에만 595여 가지나 된다. 현재 우리는 13개 명절과 24절기 가운데 몇 가지를 알고 있는가. 젊은 세대로 내려갈수록 서양풍속을 즐기는 추세가 강하다. 우리의 전통 세시풍속 존재 그 자체를 모른다. 우리의 전통문화를 살려 농촌을 풍성하게 만들고 절기마다 옛 문화를 재현하여 도시민들을 농촌으로 오게 하자. 지금 우리의 농촌은 도시를 어정쩡하게 흉내 내면서 도시도 농촌도 아닌 각박한 사회로 변해가고 있다. 무분별한 귀농·귀촌으로 전통적인 농촌의 모습은 사라지고 인정이 메말라 가고 있어 정착하기 힘든 농촌이 되고 있다. 사라져 가는 농촌의 공동체문화를 살리는 데 세시풍속 문화콘텐츠를 활용하자.

우리나라 세시풍속에 대한 글을 요약하면 다음과 같다. "세시풍속은 음력 정월 초하루부터 섣달그믐까지 매년 반복되는 주기전승의례가 우리의 농경문화에서 수천 년을 내려온 농경의례풍속이다. 풍작을 기원하고 감사하는 일종의 세시의례의식이다. 농경사회는 씨를 뿌려야 할 때와 거둬들일 때를 아는 것이 중요할 수밖에 없었다. 세시풍속은 농사의 24절기에 맞춰진 농경의례라고 하며, 명절행사도 포함한다. 절기를 잘 아는 사람을 '철이 들었다' 하고 절기를 잘 모르는 사람을 '철이 없다'라고 했다. 우리의 세시풍속에는 의례의식 외 제철음식과 민속놀이 그리고 새 옷 빔이 있다. 근래에 들어 세시풍속의 절기와 의례는 놀이 또는 축제로 즐기는 문화가 형성되어 있기는 하지만 간헐적이다.

출처: http://www.nfm.go.kr

정월대보름 달집 태우기

출처: http://www.nfm.go.kr

고싸움놀이

　절기별로 대표적인 세시풍속을 살펴보면, 선조들은 절기를 음력 정월부터 3개월 단위로 나눴다. 각 절기 행사 중 봄절기의 세시풍속이 가장 많다. 농한기이면서 한 해의 풍농을 기원하는 의례와 놀이들이 많았기 때문이다. 봄철의 대표적인 의례는 설날의 차례 지내기다. 조상에게 제를 올리고, 웃어른에게 세배를 드리고 세뱃돈과 덕담을 받는다. 형제지간에도 세배를 나누며 예의를 갖춘다. 설날에는 반드시 떡국을 먹어야 한 살을 더 먹는다고 여긴다. 정월 대보름은 풍농을 위한 의례 행사다. 달집태우기로 한 해의 풍년을 기원하고 액을 태워 없애는 대표적인 세시풍속이다. 부름을 깨고, 귀밝이술을 마신다. 오곡밥과 묵은 나물을 먹되 동네 서너 집 이상에서 밥을 얻어먹는 풍습이 있다. 지신밟기, 고싸움, 다리밟기, 줄다리기, 쥐불놀이 등 다양한 놀이가 함께한다. 세시풍속에서 정월달은 농한기로 다양한 의례행사와 놀이문화가 많았다. 이외에 2월에는 바람신인 영등신 행사, 삼월 삼짇날에 화전놀이, 4월 5일 청명한식이 있다. 24절기 중 여섯 번째 절기인 음력 3월 곡우에 비가 내리면 풍년이 든다고 믿는다. 곡우가 되면 볍씨를 담근다. 3월에는 산과 들에서 다양한 꽃놀이를 즐긴다. 춘삼월 호시절이란 말도 여기서 유래됐다. 여름철의 세시풍속에는 4월 초파일이 있다. 부처님 오신 날이다. 연등회는 팔관회와 함께 고려시대에 큰 행사였다. 이외에 탑돌이를 하고 극락왕생을 기원한다. 5월 단옷날에는 국가차원에서 시조신에게 큰 제사를 지냈다는 기록이 있을 만큼 중요한 절기 중 하나다. 단옷날에 그네뛰기를 하고 쑥떡을 먹는다. 강릉단오제는

2005년 유네스코 세계무형문화 및 인류구전 문화유산으로 등재되어 있다. 단옷날 창포 삶은 물에 머리를 감고 뿌리로 비녀를 만들어 꽂는 문화가 있다. 6월 15일은 유둣날이다. 동쪽으로 흐르는 물에 머리를 감고 목욕을 하면서 부정을 막는다는 날이다. 이날 비가 오면 풍년이 든다는 설이 있다. 가을철의 세시풍속인 칠월 칠석날은 마을 처녀들이 바느질 솜씨를 좋게 해달라고 정화수를 떠놓고 기원하는 날이다. 한편으로 이날은 하늘의 별자리를 각별하게 여기는 날이다. 견우와 직녀가 만난다는 날이기 때문이다. 견우성과 직녀성 사이 은하수에 까마귀와 까치가 오작교라는 다리를 놓아 둘이 만나게 한다는 전설이 있다. 칠월 칠석날 저녁 비는 견우와 직녀가 기뻐서 우는 눈물이고, 새벽 비는 헤어져야만 하는 슬픔의 눈물이라고 한다. 7월 15일 백중은 불가의 명절이고, 망혼일로서 조상에 차례를 지낸다. 무엇보다 가을 세시풍속의 으뜸은 한가위다. 중추절, 추석명절로 설과 함께 최대의 명절이다. 햇곡식으로 송편을 빚고 추수한 곡식으로 풍성한 차례상을 준비하여 조상에 제를 지내고, 조상의 묘소를 찾아 절을 한다. 놀이로는 강강술래, 줄다리기, 탈놀이가 있다. 겨울철 세시풍속은 10월 3일 단군할아버지가 나라를 건국한 날이다. 대종교에서는 대제를 지낸다. 동짓달은 음력 11월이다. 동지는 24절기 중 하나로 밤의 길이가 가장 긴 날이다. 동지 팥죽은 반드시 붉은팥을 넣고 만들어 먹어야 액운을 쫓는다고 한다. 섣달그믐날은 한 해의 마지막 날이다. 온 집안에 불을 환하게 밝히고 새해 새벽닭이 울 때까지 잠을 자면 안 된다는 전설이 있다. 그믐날 저녁에 만두를 먹고 묵은세배를 하는 풍습이 있었다. 또한 한 해를 결산하는 날로써 빚이 있으면 이날 안에 갚고, 받지 못해도 정월 대보름 이전에는 빚을 독촉하지 않는다는 풍습이 있다.

과거 선조들은 세시풍속에서 각 절기와 의례의식을 통해 농경문화에 생기와 활력을 주었다. 명절에는 함께 음식을 나누고 놀이를 하면서 농사일의 고단함을 달래고 각 절기 때는 농법에 따라 농사를 준비했다. 절기와 명절은 한 달마다 반복되어 일과 휴식을 반복함으로써 힘든 농사일을 하는 지혜로움이 배어 있다. 오늘날은 설날과 추석 명절 외에 일반대중들에게 세시풍습은 잊혀져가고 민속촌에서나 볼 수 있는 풍습이 되었다."(한국민족문화대백과사전, 한국학중앙연구원)

우리는 세시풍속 문화콘텐츠를 되살려 농촌의 전통문화로 부흥시켜 농촌만이 가지는 독창적인 문화로 도농 교류를 활성화할 필요가 있다. 조상들의 지혜가 담긴 세시풍속은 첨단정보화 사회에서 각종 스트레스와 긴장감을 갖고 살아가는 도시민들에게 긴장 완화의 촉매제가 될 것이다. 우리의 고유 세시풍속 문화 콘텐츠를 활용하여 농촌의 문화부흥운동을 일으켜 주말에는 도시민들을 전국 각지의 농촌으로 돌려보내자.

11.3 충남 홍성 홍동마을

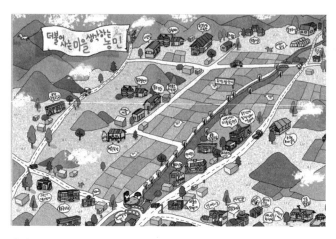

출처: http://www.redis.go.kr

홍동마을 전경

우리나라의 대표적 귀농·귀촌 마을인 충남 홍성군의 홍동마을은 전국 최대의 친환경농산물 생산지다. 유기농업이 잘 발달된 이 마을은 젊은 농업인구가 매년 증가하는 현상을 보이고, 특히 여성농업인센터를 설립하여 아동의 보육과 방과 후 아이들을 돌보는 등 여성농업인들의 활동이 많은 농촌마을이다.

1958년 설립된 풀무학교를 중심으로 협동조합, 유기농업, 귀농·귀촌 운동을 이끄는 대표적인 농촌문화마을로 찾아오는 관광객들이 꾸준하게 늘고 있다. 풀무농업고등기술학교는 환경농업 전문가들을 키우는데 중점을 두어 일본, 캐나다 등 해외선진 친환경농업기관 및 농업인들과의 정보 및 교류를 통해 친환경농업인 양성과 유기농산물 생산을 위해 많은 노력을 하고 있다. 특히 이 마을은 오리농법을 활용한 친환경 쌀 생산으로 수요가 늘어나 농민들의 소득이 크게 향상되고 있다. 또한 이 마을은 환경농업에 대한 중요성을 교육하기 위해 환경농업교육관을 설립하기도 하였다. 이러한 교육기관 덕분에 친환경농업에 관심을 가진 많은 젊은이들의 귀농이 늘고 있고, 홍동농협, 홍성환경농업마을, 풀무소비자생활협동조합, 홍성여성농업인센터 등 다양한 단체와 연합회들이 만들어져 마을에 활력을 불어넣고 있다. 마을 자체적으로 운영되는 마을활력소는 사회적 기업인 홍성유기농영농조합, 왕대골농촌체험 마을기업, 협동조합인 젊은 협업농장, 풀무생협, 문화예술조직인 문화연구소 길, 자립센터 운영, 그린투어코스 개발, 지역단체네트워크, 주민주도사업 창출 등 다양한 사업을 하고 있다. 뿐만 아니라, 장애와 비장애아동이 차별 없는 교육을 받을 수 있도록 하고, 밝맑도서관, 병원, 로컬푸드마켓, 로컬푸드 식당, 마을술집, 출판사, 어린이집, 도토리회의 자체신용사업도 하고 있다. 거주하는 주민 스스로가 만들어가는, 건강한 삶을 누리는 홍동마을은 진정 살고 싶은 농촌이 되고 있다. 홍동마을과 그 옆 장곡마을에서 운영되는 단체는 무려 60여 개로, 경제사업, 교육문화사업, 협동조합, 비영리사업을 운영하는 조직들이 자생적으로 만들어져 운영되고 있다. 목공소, 마을술집의 운영형태를 보면, 폐교된 학교를 활용하여 귀촌 예술가의 작업공간으로 이용하고, 다시 지역주민들에게 자신의 예술적 재능을 기부하는 두레방식이다. 마을술집은 폐업한 호프집을 마을주민들이 공동으로 인수하여 운영하고 공동기금을 마련하는 등 살 만한 농촌마을을 만드는 데 모든 주민들이 합심하고 있다. 홍동마을의 인구는 3천4백여 명으로 이 중 30% 정도가 귀농인들이다. 노인비율은 35% 남짓, 젊은층이 상대적으로 많다. 갓골어린이집 학생들이 80여 명, 초등학교 학생이 120여 명, 중학생이 100명으로 우리나라 어느 시골 농촌학교에서 찾아보기 힘들 만큼 많은 학생들이 공부하고 있다. 이곳을 찾는 귀농인들은 다른 농촌의 은퇴자 위주의 귀농인들과는 분명히 다르다. 홍동마을만의 독특한 문화가 있고, 주민들 스스로 마을을 만들어가는 등 뚜렷한 목적을 가지고 농촌으로 이주한 젊은이들이다.

출처: http://www.redis.go.kr

풀무농업기술학교와 학교생협

홍동마을에 귀농하려는 사람들이 많지만 집을 구하기 위해 기다려야 하는 이유는 젊은층의 유입에 절대적으로 필요한 좋은 학교가 있고, 자체적으로 기획·운영되는 경제기반과 문화가 있기 때문이다.

홍동마을 사례는 귀농·귀촌인들에 대한 정부·지자체의 직접지원보다는 삶의 질적 향상을 위한 문화·의료, 학교 그리고 공동체 의식 함양을 위한 간접투자에 정부와 지자체의 정책 전환이 필요하다는 좋은 사례이다.

11.4 선진유럽 독일의 농촌·농업정책 원칙

농촌인구 감소현상은 세계적인 추세이고, 독일도 벗어날 수 없는 현실이다. 독일의 농촌은 소규모의 영농은 줄어든 반면 대규모 영농이 증가하는 현상을 보이고 있다. 독일의 농촌정책은 농정관련 공무원이 한 분야에 오랫동안 근무함으로써 축적된 농업기술과 정책에 일관성을 유지하도록 한다는 것이다. 우선, 독일의 농업정책은 대도시의 삶과 농촌의 삶이 소득과 삶의 질 측면에서 동등하게 유지하면서, 국가 발전에 기여하도록 정책을 펴고 있다. 두 번째로 농민들은 좋은 농산물을 생산하여 안정된 가격으로 국민들에게 공급해야 한다는 농업의 생명산업 원칙에서 접근한다. 다음으로는 자국의 먹거리 문제해결과 주변국의 식량문제 해결에 기여한다는 인식하에 식량을 무기화하지 않는다는 원칙이다. 마지막으로 농촌의 자연과 전통문화 그리고 자연환경을 철저히 보존·관리함으로써 국민들의 휴식공간 역할을 해야 한다는 원칙이다. 이와 같이, 독일의 농촌은 '살고 싶은 농촌'을 만드는 데 정부의 농촌·농업정책이 일관되게 유지·관리되고 있다. 돈 버는 농촌, 돈 되는 농업이 핵심정책은 아니다.

우리의 농촌정책이 부자농촌, 잘사는 농촌에 집중되어 있어 귀농·귀촌의 부작용으로 전국의 농촌이 몸살을 앓는 것과 대조적이다. 물론 독일의 농업도 첨단농업, 농산물가공·수출농업, 기업형 농업 등이 있다. 하지만 이 분야는 자본과 기술이 있는 기업농에게 맡긴다. 독일의 농업은 GDP의 2%도 안 되는 생산성을 가지고 있지만 식량자급률은 150%에 가까울 정도로 안정된 농업정책을 펴고 있다. 이는 농업 기술력을 바탕으로 전체 농업생산성을 유지하고자 하는 독일정부의 정책적 지원이 있었기에 가능했던 것으로 오늘날 독일은 농업선진국으로 자리잡고 있다.

출처: Wildromantische Natur im Albtal

KONUS 게스트 홍보카드

살고 싶은 농촌마을인 독일 남서부 슈바르츠발트(Schwarzwald, 검은 숲)는 산림으로 우거진 산촌 6개 지역주민들이 함께 관광청을 만들어 산촌관광을 홍보하고, 주민들을 교육하는 등 다양한 서비스 개발에 앞장서고 있다. 각 지역마다 각각의 특색을 가지고 있기 때문에 서로 협력한다. 특히 산촌 트레킹은 독일 도시민들에게 아주 인기 있는 프로그램이다. 이 지역은 무엇보다 자연환경을 보호하려고 노력한다. 따라서 대형버스 등 공해발생 요인은 출입허가를 최대한 억제한다. 가능한 자전거 타기를 권장하지만, 지역 주민들의 차량을 이용하는 렌털시스템이 잘 발달되어 있어서 관광객들에게 아주 편리하다. 특히 KONUS 게스트 카드를 이용하면 지역의 다양한 시설과 교통편을 이용할 수 있다.

지몬스발트마을은 이 지역의 전형적인 산촌이다. 인구는 약 3천여 명에 불과하지만 매년 30여만 명의 도시민들이 찾아오는 전형적인 생태체험 마을로 도농 교류의 마을이다. 마을 운영철학은 관광객들을 많이 유치하는 데 목적이 있지 않고 미래지향적으로 지속가능한 그린생태관광마을을 유지하는 데 있다. 마을을 찾는 도시민들은 말 타고, 빵 굽고, 레즈 스포츠를 즐기는 등 가족단위의 방문자들은 이 조용한 농촌을 휴식과 치유의 공간, 가족이 즐기는 공간, 건강한 먹거리가 있는 공간으로 생각한다. 이는 독일정부와 지방자치단체가 농촌공동체 및 농업협업 경영체 구성원들이 지켜야 할 철저한 원칙을 가지고 일관되고 엄격하게 농가를 관리하기 때문에 가능한 일이다.

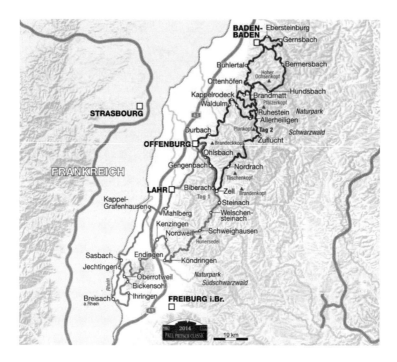

출처: Schwarzwald Tourismus

독일 남서부 슈바르츠발트(Schwarzwald, 검은 숲) 지도

11.5 농촌지역에 원격진료 가능한 첨단이동식 병원차량을 지원하자

언제까지 농촌지역은 간헐적 의료봉사활동에 기대어 살아가야 하는가? 공공의료를 강조하면서 왜 공공의료기관은 모두 대형 병원들이 즐비한 도시지역에 만들어지고 있는가? 전국 각 시·도에는 공공병원인 도립, 시립 의료원이 수십 개나 있지만 대부분이 대형 사립병원들과 개

인병원들이 많은 도심지역에 있어 농촌지역은 심각한 의료 사각지대로 남아 있다. 최근 보건복지부의 실태조사를 보면, 경북 영양군의 응급환자는 서울 강남구 대비 3.64배나 사망률이 높게 나타나고 있다.

귀농·귀촌과 각종 토목사업 등의 직접지원보다 교육, 문화, 의료 등 간접지원을 통해 살고 싶은 농촌으로 만들어야 농촌의 공동화현상을 막을 수 있다. 매년 엄청난 적자로 국민 세금을 지속적으로 투입하고 있는 전국 공공의료기관 지원보다 첨단기능을 갖추고 원격진료가 가능한 이동식 병원을 농촌지역에 지원해야 한다. 고령자가 많은 농촌지역에 의료 사각지대를 해결해야 할 책임은 정부에 있다. 고령인구가 많은 농촌지역은 관절염, 고혈압, 당뇨 등 각종 질병으로 고생하는 농민들이 많지만 너무나 멀리 있는 병원을 찾기에는 어려움이 많다. 젊은 귀농인들의 가장 큰 문제도 출산과 임신 그리고 갑작스럽게 아이들이 아플 때다. 농촌지역에 문화, 학교, 병원 등 소프트웨어 지원을 늘려야 귀농, 귀촌 인구가 증가할 것이고 지역경제 활성화에 도움이 될 것이다. 그동안 농촌인구 늘리기에 수조 원씩 투자하는데도 농촌인구가 감소하는 원인을 제대로 파악할 필요가 있다.

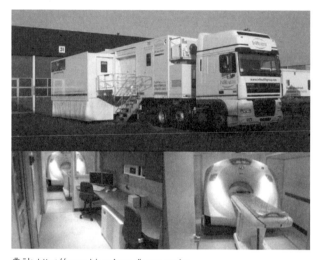

이동식 병원 개념도

농업은 농사가 아니다.
미래산업이다!

제 2 장

미래 농업

AgriTech시대가 도래했다. IT, BT, AI, Robot, Platform, Big Data, Autonomous driving & Drone 등 모든 첨단산업기술들이 농수축산식품산업은 물론 농생명공학분야에서 빠른 속도로 성장하고 있다. 농업 플랜트 산업분야로는 공장형농장(Vertical agriculture), 로봇농군(Robot Farmer) 그리고 자율소형로봇(Autonomous microrobots), 스마트팜(Smart farming), 센서기술(Sensor technology), 날씨조절(Weather modification), 수산양식업(Aqua culture) 등 4차 산업 첨단기술들이 무인농장 미래농업에 빠르게 적용되고 있다. 농생명공학산업분야로 유전학(Genetics), 유전자가위기술(CRISPR/Cas9), 합성생물학(Synthetic biology), 단백질전이(Protein transition), 생물정보공학(Bio-informatics), 나노기술(Nano-technology), 바이오정제(Bio-refinery) 등이 빠르게 발전하여 종자산업, 바이오의약산업에 적용되고 있다. 미래 농산물유통시스템(Farm to Home)분야로는 이동기술(Transport technology)이, 식음료분야로는 Robot Chef, 푸드디자인(Food design), 입체형 푸드프린팅(3D and 4D printing), 보존기술(Conservation technology) 등 다양한 형태로 첨단화, 자동화, 기능화, 산업화되고 있다.

미래의 농업은 농사가 아니다. 토양이 있어야 농산물을 생산하는 시대도 아니다. 도심 속 빌딩에서 농산물을 생산하고 로봇이 일꾼이 되는 시대다. 날씨와 무관하게 365일 농산물 생산이 가능하고, 경우에 따라 날씨를 조작해서 이용하기까지 한다. 땅에서는 AI, Sensor기술로 무장된 첨단 영농로봇농군들이 씨를 뿌리고, 잡초를 제거하고 수확까지 한다. 인간의 식량인 농축수산물의 종자는 BT 유전자가위기술을 이용하여 보다 안전하게, 필요에 따라 인간의 질병까지 치료할 수 있는 맞춤형 먹거리를 생산할 것이다. 생산된 모든 농수축산식품들은 보존기술을 활용하여 장기간 보존이 가능할 것이다. 농수축산식품은 가정의 냉장고와 농장이 연결된 Farm to Home 인공지능 유통플랫폼을 통해서 무인자율배송 차량이 각 가정의 냉장고를 항상 신선한 농산물로 손쉽게 채워줄 것이다. 농업은 농사가 아니다. 미래성장산업이다.

1 4차 산업혁명시대의 농업

IT, BT, Robot, IoT, AI, 3D, 4D, 블록체인, 클라우드, VR, AR, Sensor, 빅데이터 등 모든 미래첨단산업의 단어들은 '4차 산업혁명'을 대표한다. 세계경제포럼(WEF: World Economic Forum)에서 포럼 의장이었던 클라우스 슈밥(Klaus Schwab) 박사가 『제4차 산업혁명』이라는 책을 발간하면서 전 세계가 주목한 4차 산업혁명은 이세돌과 구글 알파고의 바둑 대국으로 우리나라에서 대중화되는 계기가 되었다.

세계경제포럼에서 연설하는 Klaus Schwab 박사

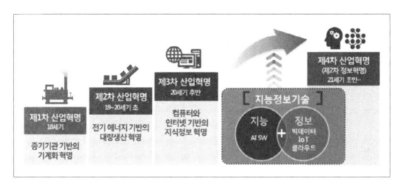

제4차 산업혁명 개념도

'4차 산업혁명'은 제조, 전자, 정보통신 및 서비스 사업 분야만의 이
야기가 아니다. 첨단기술들이 농수축산식품 생산에도 사용되는 시대가
도래했다. 미래의 농업은 농사가 아니다. 넓은 토지가 없어도 농산물을
생산한다. 농촌지역이 아니어도, 도심 속에 공장형농장(Vertical Farm)

을 짓고 로봇 농사꾼이 농산물을 생산하는 시대다. 365일 날씨와 기후 조건의 영향도 받을 필요가 없다. 땅에서는 AI 기능을 갖춘 첨단 영농 로봇들이 씨를 뿌리고 잡초를 제거하고 수확까지 한다. 종자회사들은 바이오 유전자가위기술을 이용하여 슈퍼종자, 기능성 종자 등 맞춤형 농산물을 생산할 것이다.

미래의 농산물유통시스템은 Farm to Home시대가 될 것이다. 생산된 농산품은 자율주행자동차, 드론으로 최종소비자에게 안전하게 언제든지 원하는 장소에 배송될 것이고, 주문은 첨단기능이 내장된 냉장고가 스스로 하게 될 것이다.

미래의 농업은 한 나라를 벗어나 전 세계의 농산물 생산량과 수요량을 AI 빅데이터시스템으로 예측할 수 있는 Data Farming시대가 도래할 것이다. 농업은 더 이상 농사가 아니다. 첨단산업이고 미래성장산업이다. 선진국은 농업분야에서 이미 4차 산업혁명을 진행하고 있다. 우리나라 농업에도 4차 산업혁명의 물결이 곧 밀려올 수밖에 없는 환경에 직면에 있다.

오바마와 힐러리의 싱크탱크로 알려진 알렉 로스(Alec Ross)는 자신의 책 『미래산업 보고서, 2016』에서 "늘어날 인구를 먹여 살릴 수 있는 이상적인 방법은 빅데이터와 농업이 결합한 정밀농업이다"라고 주장하고 있다. 그는 미국 국무부에서 근무하는 동안, 전 세계를 여행한 경험과 미래에 대한 자신의 통찰을 바탕으로 현재와 미래산업사회에 대한 흐름을 정리한 책에서 "정밀농업은 농장의 구석구석까지 샅샅

이 분석해 날씨, 물, 질소의 양, 공기의 질, 토양상태 그리고 농작물의 질병 등에 대한 다양한 실시간 데이터를 구체적으로 수집하여 분석할 것"이라고 기술하고 있다. 농지 구석구석에 설치된 센서들과 로봇농군들로부터 얻은 다양한 형태의 정보를 IoT 정보통신기술로 연결된 클라우드서버 저장공간으로 보내고, 축

출처: 알렉 로스 트위터

▲ 『미래 산업 보고서』의 저자 알렉 로스

적된 데이터는 다른 인터넷상의 여러 데이터와 융합처리되어 최적의 생물성장 환경을 찾아내게 된다는 의미다. "생물성장과 관련된 여러 가지 환경정보를 수집하고 평가한 정보를 바탕으로 농업관련 AI 분석로봇은 농부가 무엇을, 언제, 어디서 작업해야 할 것인지에 대한 정확한 지시를 내릴 것이다"고 설명하고 있다. 그는 과거부터 현재까지 "농부는 수천 년에 걸친 경험과 직감을 결합해 농사를 지어왔다"면서 4차 산업혁명은 "농부를 사무실 근로자처럼 만들어 직접 흙을 만지면서 일하기보다는 컴퓨터 앞에 앉아 데이터를 분석하면서 농사를 짓는 비중이 크게 증가할 것"이라고 전망했다.

알렉 로스는 2016년 일본 도쿄 국제농업전시회(Agri World 2016)를 참관하면서 이미 그의 미래농업에 대한 예측이 시작된 현실을 보았다. 물론 책에서 이야기하는 정밀농업 수준은 아니지만 개별 기술들과 이들이 융합된 초기 정밀농업시스템이 이미 적용되고 있었다. 우리나

라도 정밀농업시대의 기술들이 개발되고 있다. 얼마 전 서울대 이정훈 교수팀이 세계 최초로 나노센서를 이용하여 토마토 1개체마다 식물 체내의 수분함량, 물 흐름속도, 비료성분의 농도 등을 확인하여 식물 개체별로 최상의 상태로 키우는 첨단기술 '리얼 스마트팜'을 개발하였다고 발표하였다. 현재의 기술개발 속도를 감안하면 그야말로 4차 산업혁명의 파도가 농업분야에 곧 불어닥칠 것이라는 사실은 부인할 수 없는 현실이다.

이제 첨단산업 IT기술이 2차, 3차 산업에만 필요한 것이 아니다. 농수축산식품산업도 첨단산업의 시대다. Vertical Farm, Smart Farm, 종자산업이 그렇고, 농바이오산업이 그렇다. 곤충산업도 그렇고, 무인 로봇농장과 농기재 산업에도 인공지능을 이용한 AI 농기계들이 개발되고 있다. 이뿐인가, 농산물 가공산업을 비롯한 농산물 유통 또한 첨단산업과 결합하여 최종소비자들이 생산현장을 모니터링하면서 소비하는 시대에서 살아가게 될 것이다. 농업이 더 이상 농사를 짓는 1차 산업이 아니라 미래첨단산업이라는 사실을 부인하기에는 기술의 진보가 너무나 빠르다. 과거 농부의 경험과 직관에만 의존하여 노동집약적이었던 농업은 가까운 미래에 GPS, 드론, 빅데이터, 인공지능, 로봇 등 다양한 4차 산업혁명의 HighTech 기술집약적 농업이 될 것이다. 농수축산물 생산분야에서 통신, 사물인터넷, 센서 등을 통한 시설물의 원격·자동제어, 인공지능, 빅데이터를 통한 농작물의 생산과 수확까지 통제하는 소프트웨어시스템이 개발되고 있다. 유통분야에서는 모바일 유통을 시작으로 AI 빅데이터 분석과 자율배송시스템으로 전 세계의 농수축산식품들이 48시간 이내에 각 가정에 배송될 것이다. 그리고 소비분야에서 생산이력 추적, VR, AR을 통한 실시간 생산과정과 품질 모니터링이 가능한 판매소프트웨어가 융합되어 안전한 먹거리에 대한 소비자욕구를 충족시키게 될 것이다. 가까운 미래의 농산물 생산과 유통 그리고 소비에는 Farm to Home 유통플랫폼이 가동될 것이다.

세계생태기금(UEF)은 2020년 이후 세계인구의 5명 중 1명이 기아에 놓일 것으로 예측하고 있다. 농산물 생산성이 향상되어야 한다는 의미다. 중국 켐차이나는 자국의 미래 식량안보를 확보하기 위하여 농화학분야 세계 1위, 종자분야 세계 3위 기업인 스위스의 신젠타(Syngenta)를 430억 달러에 인수했다. 무려 50조여 원에 이른다. 바이엘은 2018년 종자산업 1위 기업인 몬산토를 660억 달러에 인수했다. 세계 농업관련 M&A시장에 이처럼 큰 인수합병이 또 있었던가. 중국은 신젠타 기업 인수로 세계 3위권의 종자산업 강국이 되었다. 이처럼 어떤 산업과 비교해도 뒤처지지 않는 산업이 농업이다.

미래농업이 빠르게 다가오고 있지만 우리나라의 미래농업에 대한 정책적 관심과 지원은 여타 4차 산업 분야에 비교하여 갈 길이 멀다. 대기업과 농업벤처 스타트업들이 스마트팜 소프트웨어기술과 농기자재 및 센스 사업에 진출하고 있지만 우리나라 농업기술 수준은 이제 겨우 초기단계를 벗어난 수준에 불과하다. 하지만 우리나라 미래농업에는 희망이 있다. 우리나라 기술농업은 스마트팜 온실과 축사, 공장형

농장 그리고 과수원 등 다양한 농산물 생산현장에서 통신과 IoT 원격 기술을 이용하여 작물과 가축의 생육환경을 자동으로 통제하는 시스템으로 빠르게 선진 농업기술을 따라잡을 것이다. 2017년 시설원예농가의 40%, 축산전업농가의 10%, 과수농가의 25% 수준으로 빠른 성장을 보였지만 스마트팜 성공률은 10% 미만에 그쳤다. 한국농촌경제연구원의 분석에 따르면, 농가의 기술 수용능력과 참여기업의 영세성이 원인이었다. 시설 소유 농가 중 ICT 융·복합기술을 안정적으로 수용할 수 있는 농가 비율은 10% 미만으로 농가의 스마트팜 기술 수용에 한계가 있었다는 분석이다. 스마트팜 관련 기업은 그 규모가 영세하여 사후지원 및 현장지원이 부족하고, 보급실적도 아직은 미미하다. SK텔레콤, KT, LG유플러스 등 이동통신 3사는 스마트팜 시범단지 조성과 전용망 구축, 솔루션을 공급 중에 있다. LG CNS는 새만금에 스마트팜 설비와 재배 실증단지 등을 조성하고자 하였으나 농민단체의 반발 등으로 사업을 포기해야만 했다. 신생농업벤처기업인 만나 CEA가 '아쿠아포닉스' 기법으로 유기농 순환 재배환경을 구축하고 농장의 환경제어 시스템을 빅데이터 분석기반으로 생산량을 조절할 수 있게 한 농장 경영시스템을 도입했다. 이를 통해 실시간 모니터링, 제어시스템을 구축하여 기존 유리온실에 비해 생산성을 35배 향상시킨 스마트 농업으로 세간의 화제가 되고 있다는 사실에 주목해야 한다.

우리나라 미래농업혁명에 희망이 있는 이유는 반도체, ICT, 로봇, 센서기술 등 4차 산업혁명 기술이 있기 때문이다. 어차피 미래의 농업은 농사라는 전통산업에서 벗어나야 하고 미래기술과 융합해야 하기 때문이다. 2030년 이후가 되면 현재의 스마트팜이라는 단순한 생산관리시스템을 벗어나 무인농장과 공장형농장 그리고 농작물의 생산과 유통, 소비 전 단계를 관리하는 농업플랜트 및 Farm to Home 유통시스템까지 무인자율시스템으로 발전할 것이다.

선진농업의 미래를 살펴보면, 독일의 바이엘(Bayer)사는 농산물 생산부터 수확까지 자동화하는 SW기술을 플랫폼화하는 프로젝트를 진행 중에 있다. 농작물 생산관리 소프트웨어를 활용해 농작물의 상태, 토양분석, 기후상황 등 농작물 생육환경을 AI 빅데이터로 분석하여 알맞은 양의 비료와 농약을 투입하는 Data Farming에 2020년까지 2억 유로를 투자한다. 바이엘의 Data Farming은 로봇농군들이 농지의 토질성분과 환경을 분석하여 적합한 품종과 파종량을 추천하고, 재배기간 동안 작물성장 단계를 모니터링하고 토지 내 질소 농도를 실시간으로 체크하여 농작물이 최적으로 자랄 수 있도록 하는 첨단무인 농업플랜트산업을 추구하고 있다. 바이엘에 인수된 세계 최대 종자회사 몬산토(Monsanto)는 종자기술뿐만 아니라 농업용 기상, 수확량, 토양 등의 데이터 분석기술을 보유하고 있다.

미국의 농기계 제조업체 존 디어(John Deere)사는 농기계 상호 간 통신, 농지 정보 파악을 위한 센서기술 등에 투자하는 토질분석 Software기업이다. 존 디어사의 파종장비는 토양의 상태 등에 따라 씨앗의 조밀도를 조절하여 파종한다. 비료 변량 분사기는 생육과 토질에 따라 자동으로 분사량을 조절한다. 네덜란드의 온실 솔루션 기업인 프리바(Priva)사는 환경 변화에 따른 작물의 생육, 생리적 특성 변화 데이터를 분석하고 재배환경 조건을 미세하게 조정하는 농업기업이다. 와게닝겐 UR연구소와 첨단농업기업 덕분에 네덜란드는 좁은 재배 가능 면적에도 불구하고 미국에 이어 세계 2위의 식량 수출국이며 유럽 평균대비 5배 높은 농업 생산성을 보이는 농업강국이다.

　일본의 미래농업은 우리보다 앞서가고 있다. 일본은 농촌의 고령화와 농업의 국제경쟁력 강화를 위해 제4차 산업혁명의 핵심기술인 인공지능(AI), IoT, 빅데이터 그리고 로봇을 활용해 무인농장 실현을 목표로 정책적인 뒷받침을 일관성 있게 하고 있다. 일본 농림수산성은 '스마트농업의 실현을 위한 연구회'를 설치하여 미래농업을 위한 5대 분야를 선정하여 추진하고 있다. 첫째, GPS자율주행시스템을 이용하여 야간주행, 자율주행 등으로 전천후 농산물 생산능력을 확보하여 대규모 생산을 실현한다. 둘째, 센스기술과 빅데이터를 활용한 정밀농업으로 고품질의 농산물을 대량으로 생산한다. 셋째, 파종, 잡초 제거, 수확 등 역할이 분담된 로봇농군을 투입하여 무인농장화를 현실화한다. 넷째, 농업플랜트화 지원으로 여성과 청년들의 농업참여를 쉽게 한다. 다섯째, 농산물 생산이력 등 안전한 먹거리에 대한 소비자 신뢰를 위하여 식품정보를 실시간 제공한다.

　일본은 이처럼 미래농업을 위해 다양한 정책적 지원과 함께 일관성을 가지고 미래농업의 방향성을 확실하게 추진하고 있다. 이러한 정책의 방향성을 통해 농업에 AI와 IoT 등 첨단기술 활용에 의한 무인농장 실현을 가속화하고 생산현장뿐만 아니라 농산물 공급망 혁신을 통한 새로운 농업의 가치 창출을 목표로 일관성 있게 지속적으로 추진하고 있다.

일본의 농업기계회사들도 정부의 정책에 맞춰 발 빠르게 움직이고 있다. 구보타(Kubota)사는 GPS, IMU(관성측정장치)를 이용한 자동주행 이앙기를 출시한다. 얀마(Yanmar)사는 수십 미터 원거리에서 조작이 가능한 자동주행트랙터를, 이외에도 이세키(ISEKI), 토요타 등 일본의 기업들은 지금 첨단무인농업 현실화에 앞장서 진출하고 있다.

출처: http://www.maff.go.jp/

인공지능 및 IoT에 의한 스마트농업의 가속화

이와 같이 세계의 농업은 AI와 IoT기술, AI 빅데이터 분석기술 등 다양한 첨단기술을 활용하여 생산성을 높이고, 로봇농군을 개발하여 파종, 재배, 수확, 운송 분야까지 첨단농업, 무인자율배송으로 나아가고 있다. 미래의 농업은 단순한 농사가 아니다. 성장산업이다.

세계 인구가 매년 1억 명 가까이 늘어나고 있다. 인구급증에 따른 식량자원 확보는 각 나라에서 풀어야 할 숙제다. 그동안 낙후산업으로 인식되어 후순위로 밀려났던 농업은 미래 식량대란을 방지할 수 있는 성장산업이다. 이미 선진 농업국의 도심 한복판 공장형농장(Vertical Farm)에서 농산물이 생산되고 있다. 미래농업을 위한 대규모 투자는 농업을 단순한 1차 산업이 아닌 IT, BT, GT가 결합된 거대 융복합산업으로 성장할 것이다. 이미 농산물과 식품을 합한 글로벌 농식품시장은 IT와 자동차시장을 합친 시장보다 더 큰 시장이 되었다.

세계는 지금 무인농업과 디지털 농업 기술개발에 엄청난 자금을 투자하고 있다. 2015년 46억 달러에 불과했던 농업관련 벤처캐피털 투자는 매년 거의 100%씩 증가하고 있다. 세계적인 기업들은 이미 농산물 생산부터 수확까지 전 과정의 정밀농업플랫폼 개발에 나섰다. 농업 클라우드, 농업 데이터 분석, 농장경영 네트워크 등 Data Farming 시대를 준비하고 있다.

바이엘이 인수한 세계적인 종자기업 몬산토는 무인농장을 위한 농업로봇기술과 농업생산성 향상을 위한 정밀농업기술, 농업경영소프트웨어기술, 농작물에 필요한 물 공급관리기술 그리고 센서기술, 드론 등

농업에 필요한 전 과정의 기술개발과 기술을 가진 회사에 투자하고
있다.

세계의 모든 정보를 장악하고 있는 구글이 농작물 빅데이터를 분석
하는 회사에 투자하고 있다. 전 세계의 농작물 생산과 유통, 소비에 대
한 데이터를 장악하고 수십 년간의 데이터가 축적되어 있다면 구글은
농작물 생산부터 소비까지 전 과정의 정보를 파는 기업으로 변신하게
될 것이다.

한편으로 4차 농업혁명의 완성단계에서는 세계의 농산물 생산과 수
요량을 최적화하는 단계에 이를 것이다. 최근의 농업분야 사물인터넷
디바이스가 매년 20%씩 증가한다면, 2035년이면 전 세계의 농작물 생
산과 소비 데이터를 AI 빅데이터기술을 이용하여 특정 작물에 대한 생
산과잉현상을 막을 수 있게 될 것이다. 4차 농업혁명의 완성은 Data
Farming으로 귀결된다는 의미이다.

우리나라도 4차 농업혁명의 물결에서 미래농업 경쟁력을 위하여 정
부의 명확한 미래농업정책과 인재양성을 서둘러야 한다. 미래의 농업
혁명은 농업의 문제에서 풀 수 있는 것이 아니다. 여타 4차 산업혁명의
기술들과 융복합기술로 정부는 미래농업의 방향성을 명확하게 설정하
여 Data Farming시대를 준비해야 한다.

2 Vertical Farm(공장형농장)

식물공장농장 시대가 다가왔다. 미래농업 비즈니스모델이 현실화되어 일부 품종 농작물을 Vertical Farm 식물공장농장에서 재배하여 수익을 내고 있다. 농사를 짓기 위해 도시를 벗어날 필요가 없는 시대가 열린 것이다. 이제는 빌딩 속에서 농작물을 키우고 판매하는 시대다. Vertical Farm 농업은 1970년 미국과 일본을 중심으로 이 분야의 연구를 주도하여 왔다. 미국은 우주에서 우주인들의 식량 확보를 위해 실내 농업 연구에 집중하게 되었고, 남극기지에 200평방미터 크기의 식물공장을 만들었다. 일본 (주)그란파 회사는 완전제어형 돔 식물공장농장을 운영하고 있다. 첨단IT기술을 이용해 실내온도, 수온, pH농도, 비료 등 농작물 성장에 필요한 모든 요소들을 통제할 뿐만 아니라 시설채소 생산자들과 생산량을 조절하고 대형유통업자들과 연결하는 등 생산과 유통까지 통제하는 종합지원시스템으로 발전하고 있다.

1999년 미국 컬럼비아대학교 환경과학과 딕슨 페스포미어 교수가 50층 높이의 최첨단 Vertical Farm 개념을 창안하여 발표함으로써 현재의 공장형농장, 즉 Vertical Farm의 개념이 정립되었다. 일본의 경우도 2009년 식량공장 보급 종합대책을 세워 스마트팜 농업을 확대하여 전국적으로 400여 개의 식물공장농장이 운영 중에 있다. 파나소닉, 도시바, 후지쓰, 토요타, 샤프 등 대기업들이 이미 첨단농업에 투자하고 있다.

미국 시장조사기관인 Allied Market Research 발표에 의하면, 2023년 세계 Vertical Farm 시장규모는 약 65억 달러로 성장할 것으로 전망했다. 2050년 전 세계 인구는 90억 명 이상으로 증가할 것이고, 식량을 생산하는 토지가 많이 필요하게 될 것이며 농경지의 가격은 상승할 것이다. 그러나 농업기업들은 더 많은 식량을 생산하는 기술을 찾을 것이고, 기후나 병충해 등으로부터 자유로운 농법을 개발하여 안정된 수익을 창출하려 할 것이다. 첨단기술이 동원된 농업기술의 발달은 농업기업인들의 욕구를 만족시키기에 이르렀다. 그중 하나가 식물공장농장인 Vertical Agriculture다. 도시의 버려진 창고, 비주거공간의 건물, 심지어는 해상운송의 핵심인 컨테이너까지 수직농장이라 일컬어지는 공장형 농장으로 변신하고 있다. 바로 Vertical Farm, Vertical Agriculture, Urban Farm이다. Vertical Farm의 실내환경은 빛, 양분, 온도를 농작물이 잘 자랄 수 있도록 컨트롤하면서 층층이 쌓아놓은 선반 위에서 농작물을 키우는 농법이다. 도심 속 고층빌딩에서 생물생육환경은 컴퓨터 또는 모바일로 완전하게 통제된다. 도심 속 빌딩농장에서 일하는 사람들은 전통 농부가 아니라 공학, 생물학, 유전학 그리고 영양학 전문가들이다. 도심 속 식물공장농장은 기후의 영향을 받지 않고, 해충으로부터 자유로우며, 365일 원하는 양만큼 생산이 가능한 첨단시스템을 가지고 원하는 소비자에게 바로바로 생산된 농산물을 신선하게 배달할 수 있다. 이미 미국, 일본, 유럽 그리고 우리나라에서 Vertical Farm이 운영되고 있고 기업으로 성장하고 있다.

미국의 Vertical Farm농법을 살펴보면, 수년 전부터 식물공장농장이 운영되고 있었으며, 새로운 농업형태에 기업인들이 많은 관심을 가지고, 실제로 몇몇 기업가들은 이 혁신적인 농업에 대규모 투자를 시작했다. Vertical Farm은 대형 창고 또는 빌딩 속에서 선반을 쌓아 식물을 키우는 수직형과 벽에 거는 벽걸이형 등 다양한 형태로 농사를 짓고 있다. 이 모두는 토양이 필요 없는 농법이다. 우주농법으로 불리는 Vertical Farm은 1990년대 미국 NASA에서 우주식량개발을 위해 만든 농법으로 물을 일반농법에 비해 90%까지 줄여서 공급한다. 이를 Aeroponics시스템이라고 한다. Aeroponics 우주농법의 선두주자는 미국의 농업회사인 AeroFarms이다. 미국 뉴저지주에서 우주농법을 이용하여 Vertical Farm 식물공장농장을 운영 중에 있다. 또 다른 식물공장농장은 Aquaponics농법으로 수족관에 물고기를 키워 그 배설물로 식물에 영양을 공급하는 시스템을 말한다. 흘러나오는 물은 여과되어 재사용하는 시스템이다.

Vertical Farm의 장점은 일 년 내내 지속적으로 농산물을 생산할 수 있고, 생산성이 일반 농지재배의 약 400배는 물론 농약 사용으로부터 자유로운 장점들이 있다. 또한 가뭄이나 홍수 등 기후환경의 영향을 받지 않아 안정적이고 일정한 수량의 농산물을 지속적으로 생산가능하다. Aquaponics농법의 경우 물을 사용하는 양 또한 일반 농경지 재배의 약 70% 수준일 뿐 아니라 물을 여과시켜 순환하여 제한된 수량으로 농작물 생산이 가능하다.

도심 가까이에서 식물공장농장을 운영하여 농산물 운송비용을 절감할 수 있고, 농촌의 먼 지역으로부터 이동하는 과정에서 나오는 운송트럭의 CO_2 발생을 최소화할 수 있는 장점도 있다. 또한 농약을 사용하지 않는 식재료 생산이 가능하고 다양한 작물을 빛의 조절로 친환경적으로 재배할 수 있어 미래 농산물 생산의 보편적 방향이 될 것이다.

Vertical Farm의 단점으로는, 식물공장농장 건설비용과 유지비용이다. 공장형농장의 경우 실내를 완전 제어하여 식물의 생육환경을 제공하고 안전한 먹거리를 위생적으로 생산하기 위해서는 자연환경에 가까운 빛과 습도, 온도 그리고 영양분 공급이 가능해야 한다. 빛은 LED를 사용하여 태양빛과 같은 에너지를 만들어야 하므로 많은 전기에너지가 필요하고 에너지 비용이 많이 드는 문제가 있다. 또한 식물에 지속적인 영양분 공급이 필요하며, 실내 환경통제를 위하여 통신, IoT 등 각종 제어를 위한 비용이 필요하다. 재배품종 또한 현재의 기술로서는 곤충의 수분이 필요한 농작물 재배에 한계가 있다.

미국의 기업들은 엽채류 생산으로 부가가치를 높일 수 있어 빠르게 성장하고 있는 식물공장농장인 Vertical Farm에 자금을 투자하고 있다. Vertical Farm은 다양한 작물 재배기술에 필요한 연구가 지속되고 있어 향후 성장속도가 더욱 빨라질 것으로 예상된다. 농업벤처캐피털의 자금 투자는 우리나라를 비롯하여 이미 상당한 나라에서 이루어지고 있다.

식물공장농장에서 생산된 농작물에 대한 유기농인증 여부의 문제는 현재 미국에서 논의 중이다. 토양을 생물학적 근거로 하는 유기농법의 정의를 어떻게 충족할 것이냐의 문제로 논쟁 중이지만 미국 California Certified Organic Farmers는 이미 유기농 인증을 허가한 곳도 있다.

2.1 Vertical Farm : AeroFarms

IKEA, Prudential, GoldmaSachs, AB Bernstein, ADM Capital, Meraas, Wheatsheaf, MissionPoint 등 세계적인

기업과 투자회사들이 AeroFarms에 투자하고 있다. Vertical Farm, 공장형농장의 미래 성장가능성을 높게 평가하고 있다는 의미다. AeroFarms사의 미션은 안전과 영양 그리고 맛있는 농산물을 소비자와 가까운 지역에서 생산함으로써 농산물 생산과 이동과정에서 발생하는 환경문제를 해결하는 책임 있는 농업으로 변화시키는 것이다.

미국을 대표하는 AgriTech기업 중 하나인 에어로팜스(AeroFarms)의 공장형농장 Vertical Farm은 미국 대륙뿐 아니라 전 세계에 공장형

농장을 건설하고 있다. 2004년 골드만 삭스와 기타 대형투자회사들이 1억 달러를 투자하여 설립한 이 회사는 인구가 많은 도심에서 농작물의 모든 생육과정을 완전하게 통제할 수 있는 공장형농장을 만들었다. 기존 농장에서 사용하는 물의 양보다 무려 95%나 적게 사용하면서 평방미터당 생산성은 무려 약 400배나 높다. 공장 같은 농장 안은 높이 11m, 길이 24m 크기의 선반 위에 수많은 LED조명들이 작물의 크기, 맛, 모양, 색상, 질감 그리고 영양까지 최적의 생육환경을 제공할 수 있도록 빛의 스펙트럼과 강도 및 주파수를 완벽하게 통제한다. 이러한 통제가 가능하기까지 매번 생산되는 작물의 13만 개 이상의 데이터를 분석하여 지속적으로 작물의 생육환경을 개선했기 때문에 가능했다. 기존 농장의 물 사용량의 5% 정도로 농작물을 생산할 수 있는 기술은 씨앗을 뿌리고, 싹을 틔우고, 성장과 수확까지 가능한 천으로 만든 직물이 있기 때문에 가능하다. 이 직물은 매번 위생처리하여 재사용이 가능한 토지 역할을 한다. 이 회사는 30종류의 채소를 동시에 재배하여 연간 약 1,000t의 각종 채소를 생산할 수 있는 공장형농장이다. 현재 상품화된 채소 종류는 30여 가지로 개발된 종자가 300여 품종에 이른다. AeroFarms사는 중동을 비롯하여 12개의 식물공장농장을 운영하고 있다. 직원 대부분은 생명공학자, 시스템공학자, 미생물학자 등 공학도 출신이다. 전통 농업인이 농사를 짓는 시대가 아니라 하이테크농업의 시대가 이미 현실화되었다는 의미이다. 생육기간이 15일 정도로 빠르고, 물의 사용량도 기존 농법에 비해 절대적으로 소량이다.

AeroFarms사의 목표는 깨끗하고 신선한 채소를 소비자가 원하는 맛에 맞게 맞춤형으로 농작물을 생산하는 것이다. 특정 작물의 맛을 바이오알고리즘 기술로 통제할 수 있다는 의미이다. AeroFarms사의 농장에는 흙이 없다. 식물의 뿌리가 공중에 떠 있고 영양분이 분무형으로 뿌려지는 Aeroponics농법이기 때문이다.

출처: www.aerofarms.com

미국 뉴저지 Headquarters 공장형농장

AeroFarms는 2013년 11월 뉴저지에 있는 나이트클럽을 개조하여 Vertical Farm R&D센터로 만들었고 작물의 맛, 질감, 색상, 영양 및 수확량을 위한 엔지니어링과 작물의 성장 알고리즘을 연구하는 연구센터를 통해 2016년 70,000sq.f.t이나 되는 첫 Vertical Farm을 만들었다.

출처: www.AeroFarms.com

미국 뉴저지 AeroFarms R&D Farm

앞으로 예상되는 문제는 식물공장이 커지고 많아질수록 식품 안전성 문제가 대두될 것이라는 점이다. 이 문제를 해결하지 못한다면 기존 농법보다 심각한 타격을 입게 될 것이기 때문에 식품 안정성 문제는 지속적으로 해결해야 할 문제이기도 하다. 현재 AeroFarms는 12개의 Vertical Farm을 보유하고 있고 추가로 늘릴 계획을 가지고 있다.

③ Robot Farmer(로봇농군) 무인농장

미래 Robot 무인농장은 Head 로봇이 역할이 분담된 로봇농군들에게 파종을 명령하고, 잡초 제거명령을 하고, 농약을 뿌리게 하고, 토양을 분석하여 농작물의 생육환경을 관리하여 수확까지 하도록 통제하는 영농플랜트산업시대를 예고한다. 먼 미래 이야기가 아니라 이미 부분적으로 일어나고 있는 현실이다. 더 나아가 농산물유통은 Farm to Home시대가 될 것이다. 수확된 농산물은 자동주문 유통 플랫폼으로 주문받아 자율배송자동차 또는 무인 드론으로 고객들에게 배송된다. 공상이 아니라 가까운 장래에 시골 농장, 도시 외곽 농장에서 그리고 도심 속 빌딩에서 흔하게 볼 수 있게 될 미래의 농장 모습이다. 농업분야도 4차 산업혁명의 큰 트렌드에서 벗어날 수 없다. 영농기계는 끊임없이 인공지능 무인자동화 방향으로 발전할 것이고, 농산물 생산성 향상을 위하여 토양분석과 종자개발 그리고 생육환경을 통제하는 다양한 시스템들이 개발될 것이다. 현재도 각종 영농기계와 농약, 비료 그리고 일부 자동화된 농법으로 과거에 농사짓던 시대와 비교될 수 없을 만큼 소수의 인력으로 넓은 면적에서 농작물을 재배할 수 있지만, 미래의 농업은 Robot Farmer 로봇농군이 일하는 완전한 무인농장이 될 것이다.

선진국 농촌은 고령화, 공동화현상이 급속하게 진행되고 있고, 2050년 세계인구는 90억 명으로 증가할 것으로 예측하고 있다. 식량생산 노동력은 줄어들고 먹어야 할 인구는 증가하는 현상황은 생명산업인 농업에서 일을 대신할 농사꾼을 새로이 만들어낼 수밖에 없는 구조적 환경에 직면해 있다. 농장 일을 대신할 기계가 바로 Robot Farmer 로봇농군이다. 미래의 농업은 농기계를 사람이 조작하는 아날로그 방식이 아니라 로봇농군이 씨를 뿌리고, 잡초를 제거하고, 수확까지 하는 무인농장시대를 의미한다. 토양의 토질을 조사하여 부족한 영양분을 보충하고, 농작물에 물을 뿌리고, 해충을 제거한다. 자동차 조립 로봇은 같은 장소에서 같은 동작을 반복적으로 하지만 농장에서의 로봇은 불규칙적인 작업환경을 스스로 인지하여 지형·지물에 대처해야 하므로 AI, Sensor 등 다양한 첨단기술이 융합된 로봇농군이 필요하다. 현재 일반농장에서 제한적으로 로봇농군이 일하고 있다. 실례로 젖소농장의 착유로봇과 사료공급로봇은 이미 보편화되고 있다. 더 나아가 로봇이 젖소농장의 청소, 먹이주기, 배설물 처리까지 한다. 전기를 동력으로 사용하는 자동로봇 트랙터는 GPS를 이용하여 원격조종될 것이고, IoT 사물인터넷으로 로봇농군들끼리 데이터를 교환하고 축적하여 매년 농사기술과 생육환경 개선이 혁신적으로 발전하게 될 것이다. 축적된 데이터는 각 로봇농군들의 역할 분담에도 보다 디테일하게 작용하여 예측되는 다양한 자연재해로부터 농작물을 보호할 것이다. 이러한 IoT 기술로 연결된 로봇농군이 일하는 무인농장은 영농현장에서 머지않아 마주하게 될 것이다.

스마트 파종시스템을 갖춘 파종로봇을 생산하는 스위스 Ecorobotix 농업 로봇 벤처회사는 모바일폰과 IoT, GPS를 연결하여 파종로봇을 만들었다. 원격시스템으로 파종을 할 수 있는 로봇농군이다. Plant Tape 사는 브로콜리, 양파, 토마토 모종을 심는 로봇을 생산하여 인간보다 빠르게 농사일을 수행하고 있다. Abundant Robotics사는 사과수확 로봇을 만들었고, 오렌지 수확, 양털깎기 로봇 등 다양한 로봇들이 이미 생산되어 실용화되고 있다. 독일 농업벤처회사 DKE데이터사는

Agrirouter라는 Software를 개발하여 농기계 제조사, 농장주, 농장경영 대행사 등을 시스템으로 연결하여 실시간으로 상호 정보를 교환하여 문제에 대처할 수 있도록 하고 있다.

이와 같이 미래의 Robot 무인농장은 IT, GPS시스템, 자율마이크로 로봇, IoT, 데이터분석, 센서기술과 통신을 이용하여 완전한 무인농장 시대가 열리게 될 것이다.

3.1 축산혁명 : 네덜란드 Lely

1948년 설립된 Lely사는 낙농농가에게 착유부터 청소까지 모든 관리시스템을 개발하여 혁신적인 solution과 맞춤형 서비스로 농민들의 삶을 더욱 윤택하게 하는 회사다. 자연과 환경보호를 생각하면서 지속 가능한 축산환경을 유지하기 위하여 에너지 자립 낙농농장을 목표로 에너지 소비를 최소화하는 방향으로 축산환경을 자동화하는 시스템인 Lely T4C를 개발하여 운영하고 있다.

Lely Vector Feeding 로봇은 건강한 젖소에게 하루 10회 이상 신선한 사료를 최적의 조건하에서 공급해야 하는 번거로움을 해결하기 위하여 만들어진 Feeding Robot이다. 하루 종일 정기적으로 사료를 섭취하지 못했을 때 나타나는 젖소의 사소한 질병들이 신선한 우유 생산량을 떨어뜨리는 문제를 해결하고 노동력을 줄이기 위하여 만들어졌다. Lely Vector Robot 시스템은 자동으로 사료를 배합하고 공급할 수 있는 독립형 배터리를 장착하고 있다.

Lely Astronaut Milking Robot이 젖소마다 건강에 관한 Data를 수집하여 T4C 관리시스템으로 보내면 젖소의 모든 생체상태를 분석하여 젖소의 질병 초기부터 신속하게 관리함으로써 최적의 우유 생산성을 높여주는 로봇이다. 이 착유로봇은 사람이 없어도 젖소들이 스스로 착유할 수 있고, 문제가 발생하면 언제든지 젖소들의 착유상태를 점검할 수 있는 통신기능이 있다. 1990년 완전한 착유기가 유럽에서 처음 사용되었지만, 자동 착유로봇(autonomous milking machines)은 현재 전 세계 낙농가들에게 가장 인기 있는 로봇이 되었다.

출처: www.Lely.com

사료 자동공급 로봇

네덜란드 Lely사가 개발한 Astronaut Milking Robot

최근 일본 낙농가들에도 이미 수백 대의 착유로봇이 보급되어 사용하고 있다. 로봇이 젖소들의 생육상태를 효율적으로 체크하고 우유 생산량을 관리하는 덕분에 농장의 우유 생산량은 두 배 가까이 증가하고 있다. 뿐만 아니라 착유시간 절약으로 축사환경관리에 더욱 많은 시간을 소비하고, 치즈, 버터 같은 부가가치 높은 낙농제품을 만드는 데 더욱 많은 시간을 할애할 수 있어 농가소득 향상에 도움이 되고 있다.

3.2 영국 농업로봇 : Small Robot Company

매월 일정 사용료를 받고 로봇농군을 임대하겠다고 나선 벤처기업이 있다. 즉 농사일에 로봇을 대여하는 서비스회사를 목표로 하고 있다. 농사일에 비용이 증가하여 농가이익이 감소하는 현실적 문제를 해결하기 위하여 생산비용을 60%까지 감소시켜 수익을 최대 40%까지 높일 수 있는 로봇 삼각편대를 만들었다. 톰(Tom), 딕(Dick), 해리(Harry) 이야기다.

대형 트랙터가 매연을 내뿜어 자연환경을 훼손하는 농장은 싫다. 작은 로봇농군으로 환경친화적인 농산물을 생산하겠다고 StartUp 회사를 만들었다. 로봇 플랫폼을 기반으로 작지만 효율적이고 정확하게 개별 농작물의 특성과 생육환경을 반영하면서 농사일을 하는 로봇농군 톰(Tom), 딕(Dick), 해리(Harry)는 이렇게 만들어졌다. 카메라가 장착된 Tom로봇은 지형 데이터를 수집하고, 토지의 위치를 분석한다. 10kg 정도의 무게를 가진 Tom로봇은 자율적으로 이동하면서 잡초 등 밀밭의 생육상태를 정밀하게 수집하여 데이터를 Wilma로봇에 보낸다. 잡초와 밀을 구분할 수 있는 센서가 장착된 Dick로봇은 Tom로봇이 수집한 잡초현장에 나가서 잡초만 정밀하게 레이저로 제거하거나 제초제를 뿌린다. Harry로봇은 씨가 잘 발아될 수 있는 깊이로 종자를 정확한 위치에 파종하는 로봇이다. Deep Learning 분석력을 가진 Wilma로봇은 수집된 데이터를 분석하여 농작물 생육환경 개선에 도움을 주고, 농장일을 하는 3대의 로봇농군들에게 명령하고 지시하는 Head로봇 역할을 한다.

이 로봇농군들은 영국 농업에 혁명을 가져다줄 것이다. 단순히 인력을 대신하는 역할을 하는 로봇이 아니라 농업환경을 보호하면서도 미래기술인 정밀농업을 구현하여 높은 농작물 생산성을 보여주고 있기 때문이다.

출처: Small Robot Company

파종로봇 Harry

Small Robot Company사는 영국의 John Lewis Partnership회사에서 소유한 소매 브랜드인 John Lewis & Partner, 슈퍼마켓 체인 Waitrose & Partners사와 협력하고 있다. 이 회사가 소유한 영국 스톡브리지(Stockbridge) 근처 4,000acre의 농장에서 Small Robot Company사의 로봇농군들이 생산한 농산물을 이 슈퍼체인에서 판매하고 있다. Waitrose & Partner사는 영국, 스코틀랜드, 웨일스 및 아일랜드에 350여 개의 슈퍼마켓과 60여 개의 편의점 그리고 Welcome Break매장 30여 개를 운영하고 있다. 전 세계 50여 나라에 제품을 수출하면서 중동에 라이선스를 취득한 매장을 9개나 운영하고 있는 대형슈퍼체인 회사다. 온라인 마케팅 강화를 위해 Waitrose.com과 와인 판매를 위한 Waitrosecellar.com 그리고 꽃 판매 온라인 상점인 Waitroseflorist.com 을 운영하고 있기도 하다.

Small Robot Company와 대형슈퍼체인 회사와의 협력은 미래의 농업이 슈퍼체인 소매업체가 무인자동 로봇농장까지 운영하는 형태가 될 것임을 예고하는 사례가 될 것이다.

이외에도 무인농장의 꿈을 실현하기 위하여 세계에서 다양한 회사들이 노력하고 있다. Harper Adams University의 Hands Free Hectare project는 농작물의 파종에서 수확까지 완전한 무인 Robot농장의 시대를 만들겠다는 프로젝트다. 환경 보호를 위하여 전기에너지를 사용하는 자율주행 트랙터가 씨앗을 파종하고, 수확까지 한다. 잡초제거 로봇이 잡초를 제거하고, 드론으로 비료와 농약을 필요한 양만큼 뿌린다. 농사로봇은 모든 일을 수행하는 과정에서 데이터를 수집·축적·분석하여 매년 업그레이드된 농법을 스스로 만들어낸다. 아직 완전한 무인농장은 아니지만 AI, Sensor 등 첨단기술이 융합된 로봇농군의 성능은 빠르게 향상되고 빠르게 농가에 보급될 것이다.

출처: www.facebook.com/pg/HandsFreeHectare

무인경작로봇 Hand Free Robot

3.3 일본과 각 나라의 농업로봇

　일본 농림수산성은 미래무인농장을 위하여 다양한 형태의 로봇농군들을 만들고 있다. 초정밀 항법위성을 활용하여 자율형트랙터, 자율이앙기, 자율콤바인을 통제한다. 이들은 완전한 무인자율주행 로봇으로 이웃 농장까지 이동하면서 영농이 가능하도록 설계되어 완전한 무인농장을 목표로 하고 있다. 제초로봇과 무인배송 등 농촌의 고령화 문제를 해결하고 농산물 생산성 향상에 초점을 맞추고 있다. 게이오대학과 일본기술종합연구소는 공동으로 다기능 로봇농군을 개발하였다. 농장에 농약을 뿌리고 새나 동물을 쫓아 농작물의 피해를 줄이고 무거운 짐을 운반하기도 한다. 또한 AI 기능이 탑재되어 자율주행이 가능하고

Sensor와 카메라 인식기술로 농작물의 생육상태를 촬영하여 데이터를 분석하는 등 농작물 관리와 생육환경 그리고 수확시기까지 전반적으로 관리하는 로봇농군이다. 이러한 로봇농군의 등장으로 농산물의 생산이 증가하게 될 것이고, 생산원가는 절감될 것이다. 무엇보다 농촌의 일손 부족을 대체할 수 있어 미래농업 공동화현상을 막을 수 있는 대안이 될 것이다.

출처: Yanmar

일본 Yanmar사와 홋카이도대학이 공동개발한 자율주행 Tractor

일본 홋카이도대학교 연구소는 4대의 로봇농군 트랙터가 함께 움직이면서 밭을 갈고 파종하고 작물을 수확하여 농작물 창고까지 돌아오는 무인농장을 실현했다. 일본은 로봇농군 관련 안전규제 등 법적 장치까지 마련하여 미래농업시대에 대비하고 있다. 일본에서는 5년 후부터 로봇농군 세계시장 규모가 약 2,000억 달러에 이를 것으로 예상하고 구보타, 얀마, 이세키노키 기업들은 2020년부터 완전한 AI 자율주행이 가능한 트랙터를 개발하고 있다. 농업은 농사가 아니다. 미래성장산업이다.

④ 종자산업

세계적인 종자기업들은 R&D연구소의 기술력을 바탕으로 농작물 생산현장에 디지털 기술을 이용하여 생산성 향상과 소비자 선호도 분석까지 전 과정을 처리하는 소프트웨어 개발 연구에 집중하고 있다. 미래의 종자기업은 종자개발부터 농장운영 그리고 유통까지 수직계열화를 꿈꾸는 기업으로 진화해 나갈 것이다. 이미 우리는 종자산업의 가치가 재발견되는 시대에 살고 있다. 토마토 1kg의 가격은 금 1kg 가격의 2.5배다. 이미 세계 종자관련 산업은 약 780억 달러로 낸드반도체 시장을 뛰어넘었다. 자동차, 반도체, 곡물 산업에서 몇몇 메이저 회사들이 세계시장을 장악하고 있지만, 종자산업은 미국과 중국 그리고 독일의 종자회사들이 세계시장을 장악하고 있다. 이미 자동차시장과 IT

시장을 합친 시장보다 더 큰 시장이 농·식품산업이다. 그 중심에 종자 산업이 있다. 유엔의 발표에 의하면, 세계인구는 2030년 80억, 2050년 90억 이상으로 예측하고 있다. 미래에는 세계인구의 60% 이상이 아시아, 아프리카에서 살고 있을 것이고 60세 이상이 세계인구의 약 5분의 1이 될 것이다. 인구의 증가와 고령화는 미래식량산업에서 농경지의 확대와 기능성 종자개발의 필요성을 의미한다. 한정된 농경지에서 미래에 필요한 산업은 생산성이 높은 종자산업이다. 지금 세계 종자산업은 3대 메이저 회사들이 75% 정도를 과점하고 있다. Bayer에 인수된 Monsanto, DowDupont, 중국에 인수된 Syngenta 등이 대표적인 종자기업들이다. 미국 국제무역위원회의 자료에 따르면, 2015년 기준 세계 종자시장의 75%와 작물보호제 시장의 60%를 이들 메이저 회사들이 장악하고 있다. 2002년 세계 "식물신품종 보호를 위한 협약"에 따라 종자 사용은 로열티를 지불해야 한다. 우리나라 제주 감귤농업이 그렇고, 심지어 국민 대표음식인 청양고추가 그렇다. 1998년 청양고추의 종자를 보유한 중앙종묘, 홍농종묘가 Monsanto에 합병되면서 무, 배추, 고추 등 채소의 50%, 양파, 당근, 토마토의 80%의 국내 토종 씨앗과 육종기술의 소유권이 미국으로 넘어갔지만 동부팜한농이 인수 후 다시 LG화학이 넘겨받았다. 하지만 청양고추를 비롯한 70여 종의 종자는 아직도 몬산토코리아가 가지고 있다. 다행스럽게도 농협이 농우바이오를 인수했고, CJ그룹이 종자산업에 진출했지만 우리나라 종자산업 규모는 세계시장의 1% 전후에 불과하고 종자 자급률은 양파 19.1%, 토마토

38%, 버섯류 50.3%, 과수의 경우는 평균 18.6%, 포도는 2%에 불과하다. 2012년 이후 5년간 해외에 지불한 종자 로열티는 720억 원에 이른다. 종자산업은 미래농업을 이끌 핵심산업이다.

출처: http://www.monsanto.com

세계 메이저 농업회사 Monsanto는 2018년 독일의 화학, 제약회사인 Bayer사가 인수했다. 무려 660억 달러, 70조 원이다. 1901년 미국에 설립된 이 회사는 세계 종자시장의 약 30%를 점유하고 있다. 화학회사로 출발했지만 1960년대 종자분야로 사업을 확장하였고, 1982년 세계 최초로 유전자 조작에 성공한 기업이다. 1997년 주력업종인 화학부문을 매각하고 생명공학회사로 입지를 다져나갔다. 2013년 GMO 유전자 변형 종자의 특허를 90% 이상 보유한 세계 메이저 종자회사다. 현재 전 세계적으로 GMO 작물은 430여 종이 있다. 옥수수가 148종으로 가장 많고 면화 58종, 감자 45종, 카놀라 38종, 콩 34종이다. 우리나라는 매년 식품용으로 200만 톤, 사료용으로 770만 톤을 수입하고 있고, 50여 종의 GMO 작물 종자가 개발되었지만 2007년 '유전자변형생물체법'이 시행된 후 단 한 건의 GMO 농작물 재배 승인이 없다. 하지

만 미래농업은 유전자변형, 유전자조작으로 만들어진 식품의 안전성이
확보된 이후 동식물자원을 지배하는 농화학기업이 가격과 공급체계를
움직이게 될 것이다.

출처: https://www.syngenta.com

신젠타 스위스 연구소

　중국이 430억 달러에 인수한 Syngenta는 2000년 Novatis사의 종묘
사업부와 Astra Zeneca사의 농약사업부의 합병으로 설립되었다. 세계
종자사업에서 Monsanto와 DowDupont에 이어 3위 기업이지만, 농화학
제품분야에서는 세계 1위 기업이다. 유전자가위기술을 이용한 GMO 종
자개발 분야에서는 세계 최고의 기술력을 가지고 있다. 2014년 매출기준

151억 달러다. 전 세계 140여 R&D센터를 운영하고 5군데 핵심센터가 있다.

중국화공그룹이 세계적인 종자회사를 인수한 목적은 13억 자국민을 위한 식량자급률 하락과 경지면적의 한계 때문이다. 한편으로는 식량 안보문제 해결차원을 넘어 전 세계 식량가격과 공급 시스템에 영향력을 행사하려는 의도와 함께 농바이오산업의 미래를 대비하겠다는 의미가 있다. 1997년 서울종묘, 1998년 동양화학을 인수한 노바티스의 종묘사업부가 현재 신젠타코리아로 영업하고 있다. 신젠타코리아는 국내에서 수박, 고추 농작물은 물론 조경수, 골프장 잔디까지 다양한 농업분야에서 사업을 영위하고 있다.

출처: https://www.syngenta.com

4.1 중국화공그룹(Chemchina, 中國化工集團)

Syngenta는 다우듀폰과 몬산토를 인수한 바이엘과 함께 세계적인 종자 및 작물 보호제 산업을 재편하는 메가 트리오 중 하나다. 나머

지는 이들 세계 3대 농업회사들이 전 세계 종자시장의 70% 이상과 농작물 보호제 시장을 장악하고 있다. 신젠타는 중국 농업의 미래를 근본적으로 준비하는 기업이 될 것이다.

출처: www.syngenta.com

변화하는 세상에 혁신을 가속화한다. 신젠타의 핵심 미래방향이다. 세계적인 수준의 과학과 혁신으로 농작물과 생산환경을 개선하여 사회와 자연을 조화시켜 소비자 욕구인 농산물의 품질안전과 건강한 토양을 유지함으로써 지속가능한 생산성에 대한 연구를 지속하고, 농부와

자연에 대한 투자로 학계, 환경단체, 농부들과 함께 토양의 침식과 황폐화, 생물 다양성의 감소 그리고 탄소 배출량 문제 등에 대한 솔루션을 위한 연구 및 개발을 지속해 나가는 농업기업이다. 신젠타는 전 세계 수백만 명의 농민들이 가지고 있는 가용자원을 보다 효율적으로 사용하도록 함으로써 세계 식량안보를 개선하는 데 도움을 주기 위하여 60개국 이상의 나라에서 26,000여 명의 직원들이 농작물 재배방법을 혁신적으로 이끌고 있다.

신젠타는 전 유럽, 북미, 남미, 아시아에서 5,000여 명의 연구원들이 17곳의 R&D Center에서 연구활동을 하고 있으며 매년 13억 달러의 연구비를 지원하고 있다. 전 세계 R&D Research Center의 분포를 보면, 유럽 7곳, 북미, 남미 8곳, 인도, 중국 2곳에서 유전학, 생물학, 종자, 생명공학, 농산물 안전성과 생산성, 농화학, 바이오에너지 등 미래 농업을 위한 전 분야를 연구하고 있다. 농산물 생산을 위한 혁신적 아이디어를 현실화하기까지 농작물 보호제, 즉 농약 등을 예로 들면 인체에 무해하면서 병충해로부터 농작물을 보호하는 제품을 생산하기까지 8년에서 10년의 시간과 2억 6천만 달러의 비용이 소요된다. 새로운 종자개발에는 평균 13년의 시간과 1억 4천만 달러의 비용이 필요하다.

신젠타 농업기업에서 중요하게 다루는 8가지 농작물이 있다. 첫째는 밀과 보리다. 밀은 세계에서 가장 많이 소비되는 곡물이며 그 다음은 보리다. 식품회사, 파스타업체, 양조업체 등의 식품가공 수요가 많기 때문이다. 신젠타는 이들 작물의 종자와 생산성, 품질 부분에서 세계적인 선두회사이다. 두 번째는 옥수수다. 옥수수는 인간, 동물 그리고 바이오연료로 사용되는 곡물이다. 전 세계에서 경작하는 곡물로 가장 많은 생산량을 보이고 있다. 옥수수 한 알은 500개 이상의 수확량을 보인다. 옥수수는 해충과 잡초 그리고 날씨에 민감하고 많은 양의 물을 필요로 하기 때문에 신젠타는 가뭄과 자연환경에 강한 옥수수 종자를 개발하여 보급하고 있다. 세 번째는 불포화지방을 포함하고 있는 식물성 오일을 생산하기 위하여 해바라기, 유채(Oliseed rape), 캐놀라(Canola)의 병충해 등에 강한 종자 개발에 투자하고 있다. 식물성 오일은 2000년 이후 매년 3% 이상씩 증가하고 있다. 네 번째는 쌀이다. 전 세계 20억 명 이상의 사람들이 주식으로 사용하고 10억 명 이상의 농민들의 생계를 책임지는 곡물이다. 쌀 생산에는 현재 세 가지의 문제가 있다. 생산량이 수요량을 따라가지 못하는 곡물이다. 또한 쌀 생산을 위한 충분한 물 공급이 줄어들고 있다. 산업화와 도시화로 인한 생산 토지의 감소와 생산 인구의 감소다. 신젠타는 세계의 쌀 생산이 집중되어 있는 아시아에 투자하고 있다. 이 지역 3억 명의 소규모 쌀 생산자들에게 생산성 향상을 위해 토양개량, 보호제 그리고 종자 개량을 통해 생산량을 최대 30%까지 높이는 연구를 하고 있다. 다섯 번째는 콩이다. 콩은 가장 수요가 많은 단백질 공급 곡물이면서 매년 수요량이 4%씩 증가하고 있지만 해충과 잡초 등 재배환경의 저항을 많이 받고 있다. 신젠타는 소량의 물과 병충해에 강한 종자 개발과 보호제를 개발하여 생산성을 높이고 있다. 여섯 번째는 커피, 코코아, 감자, 면화 그리고 과일류다. 이들 농작물은 신기술의 접근이 제한적인 문제점이 있다. 이들 농작물은 인체에 무해한 작물 보호제를 개발하여 높은 생산성을 유지하도록 연구하고 있다. 일곱 번째는 사탕수수다. 세계인이 사용하는 설탕의 80%가 사탕수수로부터 공급된다. 또한 바이오 연료의 사용 증가로 더욱 많은 수요가 있는 작물이다. 보통 1헥타르의 농지에서 75톤이 생산된다. 하지만 신젠타의 재배기술은 수백 톤까지 생산량을 증가시킬 수 있다. 브라질은 전 세계 사탕수수의 40%를 생산하고 있다. 여덟 번째는 채소류이다. 채소작물의 5가지 범주인 고추와 토마토, 멜론과 오이, 샐러드 채소 그리고 브래시커(Brassicas)와 Sweet Corn이 여기에 속한다. 신젠타는 채소류에 기생하는 해충을 제거하기 위한 안전성 있는 살충제와 종자개량을 위한 연구를 지속하여 20% 이상의 생산성 향상을 보이고 있다.

2050년 전 세계 인구는 약 90억 명으로 추측되고 있고, 현재보다 30억 명 이상이 도시에 살기를 원할 것이다. 현재 중국 인구의 52%가 도시에 거주하고 있으며 1인당 식량소비에 대한 지출이 농촌에 비하여 270% 정도 높게 나타나고 있다. Goldman Sachs의 연구에 따르면 2030년이면 전 세계 중산층이 20억 명에 도달할 것이라 한다. Mckinsey Global Institue에 따르면 2025년 중국 인구의 76%가 중산층이 될 것으로 보고 있다. 전 세계적으로 중산층의 증가는 고칼로리와 단백질 소비량의 증가를 의미한다. 인구의 증가와 중산층의 확대는 미래에 농업의 생산성과 안전성이 혁신적이지 못한다면 전 세계적으로 식량안보

▲ Bad Salzuflen, Germany
(Oilseed rape, barley breeding)

▲ Enkhuizen, Netherlands
(Vegetables, flowers breeding)

프랑스 2곳, 스위스 등 유럽 R&D Center 7곳

▲ Clinton, IL(Biological assessments)

▲ Gilroy, CA(Flowers breeding)

브라질 포함 미주대륙 8곳의 R&D Center

▲ Beijing, China(Biotechnology)

▲ Goa, India(Chemistry)

인도, 중국 2곳의 R&D Center

출처: www.syngenta.com

신젠타 글로벌 연구소 현황

의 문제가 대두될 수 있음을 예고하고 있다. 세계적인 농업기업들은 향후 농작물의 수요와 질적 요구가 지속적으로 증가할 것으로 예측하고 지속가능한 식량생산을 위한 연구에 집중하고 있다. 지구상에는 130억 헥타르 정도의 토지에서 16억 헥타르를 농지로 이용하고 있다. 이 중 36%는 유럽, 39%는 중동, 아프리카, 아시아 태평양지역, 15%는 북미 그리고 10%는 라틴아메리카 지역에 있다.

5 종자산업의 핵: 유전자가위기술과 변형기술

지금까지 품종의 개량은 모든 생물에 존재하는 유전자의 선택적 교배를 통해 해왔다. 유전학의 다양한 분야 중 향후 종자산업에서 가장 주목해야 할 기술이 바로 유전자가위기술이다. 이 기술은 작물에 대한 소비자들의 걱정을 줄이는 동시에 건강하고 환경에 강한 농작물을 생산할 수 있는 기술이다. 이 기술의 강자가 미래 종자산업을 지배하게 될 것이다. 유전학은 DNA를 재조합하는 유전공학 분야로 발전하였고, 유전자를 변형하고 복제하는 생명공학으로 발전하였다. 이후 분자생물학, 게놈지도 완성단계로 빠르게 발전하고 있다. 현대 유전학은 광범위한 분야에서 다양한 방식으로 발전하여 상호 밀접한 연관성을 가지고 조합과 분리를 통해 급격한 기술적 진보를 보인다.

미국 Berkeley대학교 제니퍼 다우드나 연구진과 독일 하노버대학교 엠마뉴엘 커펜디어 연구진이 공동연구를 통해서 2012년 CRISPR/Cas9

초정밀유전자가위를 발표했다. 이 기술은 원하는 곳의 유전자를 잘라 낸 후 새로운 유전자 편집이 가능한 기술이다. 향후 인간 유전자 치료 는 물론 동식물 등 다양한 분야에서 사용될 것이고 특히 생명과학분 야에서 일대 전환을 가져오게 될 기술이다. 우리나라도 바이오생명과 학 벤처기업 '툴젠'이 CRISPR/Cas9 원천기술에 대한 연구를 진행하고 있다.

세계의 농업회사들은 미래농업분야에서 유전자기술 발전에 대한 관 심을 점점 더 높여가고 있다. 왜냐하면, 90억 인구를 먹여 살릴 충분한 식량을 공급할 수 있는 새로운 기술과 환경훼손을 줄여 지속가능한 농 업을 위해서 전통방식의 농사가 아닌 새로운 동식물 생산방식을 찾아 야 하기 때문이다. 그러기 위해 농부들은 병충해에 강한 종자, 가뭄과 홍수 그리고 지구 온난화에 강한 종자를 필요로 한다. 따라서 동식물의 유전자 개량은 지속가능한 농업분야의 발전에서 중요한 부분이 될 것 이다. 이 분야의 기술개발과 특허 그리고 라이선스는 미래 동식물 종자 의 지적 재산권을 가지게 될 것이고, 승자가 세계의 농작물 생산과, 곡 물유통 분야를 이끌게 될 것이다.

우리나라는 세계 5위의 농업유전자원 보유국이다. 토종자원과 해외 에서 수집한 유전자원인 종자, 미생물, 곤충자원 등 미래 농바이오산업 의 원천인 32만 자원을 관리하고 있다. 하지만 다수의 농업자원과 미생 물자원 자급률이 아직은 낮다. 우리가 즐겨 먹는 사과, 배의 과수종자 자급률이 20%가 안 된다. 포도는 2% 이하다. 농민들과 생명과학회사에서 필요로 하지만 없는 자원은 해외에서 수입한다. 세계는 지금 종자와 미생물의 시장규모가 빠르게 성장하고 있다. 이 분야는 기초과학분야로써 농업대학과 농업전문기관들이 아주 중요한 역할을 장기적 · 지속적으로 수행해야 한다. 국가의 농업기초학문 육성을 위한 정책과 지원이 중요한 이유이다.

6 3D 푸드 프린팅과 식품보존기술

식품가공산업분야는 보존기술의 발달과 함께 미래 식품문화의 다양성을 증대시킬 것이다. 현재의 식품가공기술은 대량생산체계에 맞춰져 있다. 하지만 3D 프린팅 식품가공산업의 발달은 푸드 디자인은 물론, 영양과 맛 그리고 풍미까지 데이터를 이용하여 맞춤형 식품가공이 가능할 것이다. 3차원적으로 식품을 재구성하는 제조기술은 이미 서구

선진국에서 보편화되고 있다. 3D 프린팅 식품기술은 Extrusion Molding (압출성형)공정을 이용할 수 있는 초콜릿, 피자도우, 치즈 등을 적층으로 만들어내고, 설탕이나 가루형태의 재료를 온도의 변화나 레이저를 통해 원하는 모양으로 굳어지게 한다. 또한 세포의 조직배양 3D 프린트를 이용하여 인공육을 제조하기도 한다. 이러한 기술의 발달로 가까운 장래에는 조리법을 인터넷으로 다운로드받아 식품제조 3D 프린팅으로 요리하는 날이 올 것이다. 이미 다양한 나라에서 다양한 식품 3D 프린팅이 개발되어 요리에 활용되고 있다. 3D 프린팅기술로 가공된 식품이 식품 보전기술과 결합한다면 손쉽게 다양한 영양은 물론 풍미와 맛까지 고려한 가공식품공장에서 생산되어 AI 데이터가 내장된 유통플랫폼에서 주문과 자율배송 모빌리티를 활용하여 전 세계 어디든 배달되는 시대가 될 것이다.

농업기계부분에도 3D 프린팅기술은 다양하게 이용되고 있다. 종자 파종기를 만들고, 해충 잡는 포집기를 만든다. 향후 농업기계 부품을 생산하는 분야에서도 3D 프린팅기술은 상당한 편의를 가져올 것이다.

6.1 3D Food Printing

스페인 생명공학회사 Novameat사는 소고기와 닭고기의 질감과 맛을 내는 채식주의자들을 위한 스테이크를 3D 프린트로 만들어냈다. 이 회사는 쌀, 완두콩, 해조류의 단백질을 이용하여 아미노산이 충분히 함유된 고기육색을 내는 맞춤형 스테이크다. 쇠고기 생산을 위하여 많은 수의 소를 키우면서 발생되는 환경훼손과 곡물을 사용해야 하는 문제들을 해결하기 위한 대안으로 떠오르고 있다.

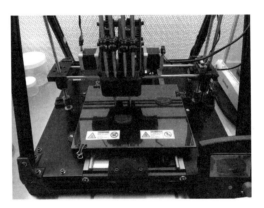

출처: Photo via Giuseppe Scionti

채소 스테이크 제조, 3D 프린트

독일의 Biozoon사는 노인들과 음식을 넘기기 곤란한 사람들을 위한 가공식품을 3D 프린팅으로 생산하고 있다. 이 프린트에 내장된 알고리즘이 사용자의 영양상태, 체중 등을 자동으로 체크하고 그에 맞는 음식을 제조한다. 음식의 맛과 영양을 유지하면서 노인들의 소화기능과 치아상태를 고려하여 만들기 때문에 식탁에서 만족감을 나타내고 있다.

영국의 런던 사우스뱅크대학은 식용곤충을 이용하여 3D 프린팅으로 파이 또는 빵을 생산하는 연구를 진행 중이다. TNO 네덜란드 응용과학연구소는 Spice Bites 3D 푸드 프린트로 다양한 모양의 과자를 만드는 실험을 성공시켰다. 이후 밀라노 엑스포에서 파스타 제조회사인 Barilla사와 함께 3D 프린트로 파스타를 만들어냈다. 단지 밀가루와 물만으로 일반 파스타와 같은 3차원의 파스타를 만들어 3D 푸드 프린팅의 가능성을 열었다. 이외에도 치아가 약하거나 음식물을 삼키기 어려운 어린이나 노인들을 위한 음식을 만들 수 있는 3D 푸드 프린트를 만드는 회사들이 점점 증가하고 있다.

미국의 3D Systems는 사탕을 설탕으로 만들어내는 Chefjet이라는 푸드 3D 프린트를 개발하였다. 이 프린트는 다양한 모양의 푸드를 설계대로 만들 수 있고, 원하는 색깔도 입힐 수 있다. 이외 초콜릿 제조회사인 허쉬와 함께 원하는 맛을 낼 수 있는 초콜릿 3D 프린트 Cocojet이라는 기계를 만들었다. 스페인 Natural Machine사의 Foodini라는 3D 푸드 프린트는 음식의 재료를 프린트 내의 캡슐에 채워 넣는 방식으로 다양한 빵과 파스타를 만든다.

이외에도 3D 프린팅 기술은 고가의 농기계 부품을 만들어내고, 종자 파종로봇을 제작하고, 농작물의 해충을 제거하거나 토양연구를 통한 작물 선정을 돕는 로봇을 만들어낸다. 가정용 수경재배 시스템을

3D 프린트로 만들어서 엽채류 등을 가정에서 키우기도 한다. 향후 5~6년 이내에 각 가정용 소형 3D 프린트가 보급되어 농기계는 물론 각종 부품을 인터넷으로 다운로드받아 직접 제작할 수 있게 될 것이다. 3D 프린트의 대중화는 언제 어디서나 원하는 제품이나 부품을 만들어 사용하는 시대로 접어든다는 의미가 된다. 앞으로 3D 푸드 프린트가 발전하여 다양한 기능으로 개발된다면, 다양한 음식을 디자인할 수 있고, 3차원의 설계를 바탕으로 음식의 구조, 질감, 맛을 내게 될 것이다. 뿐만 아니라, 개인의 특성에 맞춘 영양소나 물질을 첨가하거나 빼서 맞춤형 음식을 만들어낼 수도 있게 될 것이다. 또한 곤충이나 Algae 해조류와 같은 식재료를 3D 푸드 프린팅으로 먹기 좋은 형태의 음식으로 만든다면 미래의 단백질 공급원으로 충분히 가능성이 있는 식재료들이 될 것이다.

가까운 장래에 각 가정마다 냉장고가 필수인 것처럼 3D푸드 프린트가 필수 가전제품이 될 것이다. 또한 HMR과 반조리제품이 마트 식품 코너를 장악하고 있듯이 잘 프로그램된 조리법을 다운로드받아 자신이 직접 고른 식재료를 가지고 음식을 프린트해서 먹는 시대가 곧 다가올 것이다. 3D 푸드 프린트의 장점은 전 세계 어디서나 똑같은 맛과 풍미를 낼 수 있는 음식을 만들 수 있다는 점이다. 미국 Charles Hull에 의하여 기본원리가 발표된 이후 1988년 최초의 3D 프린트가 개발되었고, 다양한 제품들이 다양한 용도로 이용 가능한 기술들이 전 세계적으로 발전되고 있다.

7 발효산업

　세계는 지금 문화의 융합시대다. 음식문화의 융합 또한 빠르게 확산되고 있다. 천연 · 유기농식품을 판매하면서 식품산업분야 트렌드를 이끄는 미국 Whole Foods 슈퍼마켓 체인은 자연발효 유산균이 만들어지는 김치 · 식초 같은 발효식품과 상온보관이 가능한 유산균식품의 세계화 전망을 밝게 보고 있다. 발효산업의 핵심은 미생물이다. 혈당을 낮춰주는 감미료, 칼로리를 없앤 식용유, 설탕, 썩는 비닐 모두 발효기술을 통해 만들어진다. 식품재료와 미생물의 종류에 따라 복잡한 반응이 일어나면서 알코올발효, 젖산발효, 초산발효, 아미노산발효 등으로 다양하게 반응되어 영양, 기호, 저장성이 향상된 새로운 식품으로 탄생하는 식품을 발효식품이라 한다. 대표적으로 김치, 식초, 전통주, 치즈, 요구르트, 버터, 차 등 세계적으로 다양한 발효식품들이 만들어지고 있다.

　최근 발효산업은 과학기술의 발전과 함께 원하는 제품을 만들기 위해 미생물을 선택하거나 발효조건을 통제한다. 더 나아가 발효식품의 기능성을 발견하여 기능성 식품 또는 미생물자원을 활용한 발효기술로 생명공학이 발달하여 농업분야, 의약품, 바이오에너지, 환경분야, 분해되는 플라스틱 생산 등 다양한 분야에서 산업이 활발하게 발전하고 있다. 전 세계 바이오산업 규모는 2020년 약 6,000억 달러, 연평균 10% 가까이 성장할 것으로 예상하고 있다. 전체 바이오시장의 약 30%는 미생물 발효과정이 필요한 제품시장으로 보고 있다.

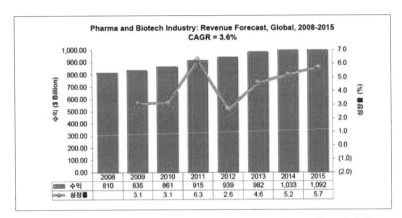

출처 : Changing Dynamics in the Pharma and Biotech Industry, Frost & Sullivan,
　　　2012. 6.

세계 제약 및 바이오산업 시장규모('08~'15)

　미생물 발효과정에서 발생되는 대사물질 가운데 가장 다양하게 사
용되는 물질이 효소(Enzyme)이다. 효소는 생물체 내에서 각종 화학반
응을 일으키는 데 촉매제 역할을 하는 단백질이다. 동식물의 세포 속에
서 소화·영양분 흡수, 해독과 살균작용 등 다양한 신진대사 역할을 하
는 효소의 종류가 수천 종이고, 산업적으로 알려진 가치가 있는 효소가
수백 종이다. 실제로 수십 종은 상업적으로 이용되고 있다. 전 세계적
으로 바이오경제 열풍 속에서 효소산업은 미래성장동력으로 연평균
7~8%의 성장률을 보이고 있다. 효소산업분야 또한 의약품, 식품, 화장
품, 암, 특정바이러스 치료제, 공업용 효소까지 사용처가 무궁무진하다.
유전공학의 발전은 효소와 생체단백질의 생산을 가능하게 하였고 효소
공학은 전통 화학공법을 대체하기 시작하였다.

2012년 매킨지 보고서에 의하면 9% 정도의 시장을 바이오화학이 대체하고 있다. 미래 바이오효소공학분야는 유전학과 생명공학의 발달과 함께 화공학분야를 빠르게 대체해 나갈 것으로 예상된다.

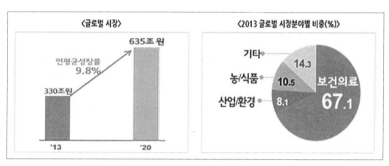

출처: http://www.chungbuk.go.kr

글로벌 바이오산업의 현황과 전망

우리나라 효소기업을 대표하는 아미코젠은 원천기술인 유전자 진화기술을 기본으로 혁신적 특수효소를 사업화하는 국내 1위 효소 전문기업이다. 2000년에 설립되어 세계 최초로 세파계 항생제 합성원료를 생산하는 특수효소를 개발하여 세계적인 다국적 제약기업에 매각하면서 사업의 기반을 잡았다. 그동안 제약용 효소를 화학적 방법으로 만드는 과정에서 발생하는 환경파괴와 제품의 질적 문제를 자연계에 있는 효소를 재가공하여 친환경적인 방법으로 각종 원료를 만들어내는 산업용 특수효소분야에서 독보적인 기술을 가지고 있다. 다국적 생명공학기업들은 유전학을 기반으로 합성생물학, 유전자변형, 유전자가위, 효소기술, 발효기술 등 다양한 BT산업분야에서 성장을 지속하고 있다. 아미

코젠은 효소기술을 바탕으로 기능성화장품, 의약품 원료, 건강식품, 산
업용 특수효소를 만든다. 이외에도 효소기술을 이용하여 다양한 생활
용품을 만들고 있다. 곡물발효 효소기술을 이용하여 국내산 곡물로 만
든 발효효소분말은 지방을 분해하는 기능성 식품이다. 효소분해공법으
로 만든 콜라겐 펩타이드 생산을 위해 중국 산동성 애미과생물기술유
한공사와 협력하여 중국시장을 공략하는 미래기업이다.

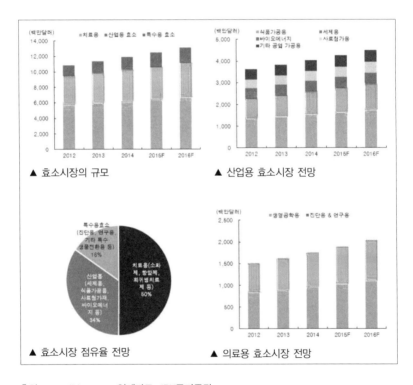

▲ 효소시장의 규모   ▲ 산업용 효소시장 전망

▲ 효소시장 점유율 전망   ▲ 의료용 효소시장 전망

출처: www.ibks.com; 업계자료; IBK투자증권

효소시장 분석자료

CJ제일제당은 그린바이오산업분야에서 세계적인 강자다. 미생물 발효기술을 기반으로 성장하고 있는 세계 그린바이오산업에는 라이신, 메티오닌, 트레오닌 등 동물의 생육을 돕는 사료용 아미노산과 핵산, MSG 등 음식의 맛을 내는 식품조미료 분야가 있다. 최근에는 건강식품에 사용하는 기능성 아미노산시장이 성장하고 있다. CJ제일제당은 라이신, 트립토판, 핵산, 발린의 시장점유율에서 세계 1위다. CJ제일제당은 그린바이오산업분야에서 세계 경쟁력 제고와 초격차 유지전략으로 중국의 기능성 아미노산 생산업체인 Heide와 미국의 바이오벤처기업인 Metabolix, 브라질 농축대두단백질 생산업체인 Seleta를 인수하였다.

CJ제일제당은 1988년 인도네시아 자바섬에 사료용 아미노산인 라이신 공장을 설립하여 글로벌 라이신 시장 1위에 올랐다. CJ제일제당은 브라질, 미국, 중국, 인도네시아에 추가로 바이오 생산기지를 인수 또는 건설하여 전 세계 10조 시장의 25%를 담당하는 회사로 성장하고 있다. 현재 친환경 발효공법을 활용하여 사료용 5대 아미노산을 생산하는 기업은 CJ제일제당이 세계 최초다.

7.1 덴마크 생명공학 효소기업 : 노보자임

덴마크 생명공학회사 노보자임은 세계 최
대의 효소 제조업체로 대기오염 없이 제품을
생산할 수 있는 공업효소와 다양한 미생물을
생산하는 곳으로 이 분야에서는 세계적인 회사다. 전 세계 효소생산의
거의 절반을 차지한 노보자임은 농업·바이오에너지, 기능성 음식과
음료, 오폐수 정화까지 다양한 분야에 미생물을 이용한 사업을 하고 있
다. 효소산업의 특성이 기술집약적이기 때문에 전 세계시장의 약 70%
는 노보자임과 제넨코(Genencor)가 독점하고 있다. 노보자임은 전 세
계 효소관련 투자의 3분의 2를 투자하고 있고, 수익의 14%를 R&D에
투자하고 있다. 또한 산업효소분야에서 전 세계 48%의 시장점유율을
가지고 있고 130여 개국에서 바이오산업분야의 혁신을 주도하고 있다.
노보자임은 식기세척용 세제는 물론 세탁용 세제 등 Household Care
부분에서 매출의 32%를 차지하고 있다. 이외에도 F&B, 농업과 동물사
육분야 그리고 바이오에너지, 의약품분야에서 필요한 효소원료를 생산
하고 있다. 2011년 중국 바이오업체가 자사의 바이오에너지와 음료 제
조에 사용하는 특허를 침해했다는 이유로 소를 제기하여 6년간의 소송
에서 승소함으로써 특허권을 보장받은 사례가 있다.

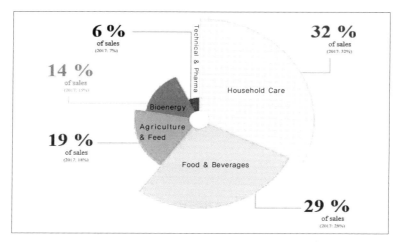

출처: https://report2018.novozymes.com/

효소의 산업분야별 매출

7.2 레스토랑 Noma

세계는 지금 발효음식이 뜨고 있다. 연간 100만 명이 예약하는 세계 최고의 레스토랑 Noma는 덴마크 코펜하겐에 있다. 요리원칙은 북유럽산 유기농 식재료만으로 제철요리를

seafood season

출처: https://noma.dk/

만드는 것이다. Noma는 세 계절로 나누어 계절별 최고의 식재료를 사용한다. 1월부터 6월까지는 해산물 시즌으로 추운 겨울 스칸디나비아에서 잡아 올린 최상의 해산물 식재료로 만든 요리를 제공하는 시즌이다. 6월부터 9월까지는 채소 시즌으로 지역특산물을 중심으로 채식메

뉴를 제공한다. 10월부터 12월까지는 야생오리, 거위, 사슴, 순록과 숲에서 자라는 다양한 식재료를 이용하여 요리를 만든다. 즉 수렵과 산림자원으로부터 채취한 식재료를 이용한다.

이 세계적인 레스토랑에서 발효음식에 대한 *A field Guide to Fermentation*을 발행하고 있다. 기존의 발효음식들에서 아이디어를 얻어 자기만의 메뉴를 개발하고 판매한다. 이외에도 미슐랭가이드 Star 레스토랑들의 발효음식에 대한 관심이 증가하고 있고 다양한 발효기술을 활용하여 음식의 품질과 맛을 만들고 있다. 발효음식에 대한 관심이 높아지는 이유는 유산균이 풍부해서 건강에 좋다는 인식이 널리 퍼지고 있기 때문이다. 우리나라는 김치부터 된장, 고추장, 청국장, 식초 등 다양한 발효식품들이 있지만 발효 관련 미생물 수입액이 연간 7억 달러 이상이다.

1992년 유엔환경개발회의에서 채택된 '생물종다양성에 관한 협약(Convention on Biological Diversity, CBD)'은 생물의 다양성과 보존 그리고 생물자원의 지속가능한 이용으로 인한 이익을 공정하게 나눠야 한다는 배경에서 만들어졌다. 결과적으로, 생물종은 발견자 또는 개발자들이 특허로 등록할 수 있고, 원산지에 대한 권리를 국가에서 주장할 수 있게 되었다. 모든 미생물의 유전자 서열은 이 협약에 따라 등록되고 불법 사용이 금지되어 있다.

출처: 농식품백과사전; 한국민족문화대백과, 한국학중앙연구원

우리나라의 전통발효식품

2017년 '나고야의정서' 협약은 모든 생물자원으로부터 얻는 이익은 그 권리를 가진 국가나 기업에 공정하고 공평하게 나눠야 한다는 협약이다. 생물유전자원을 확보하고 있지 않다면 그 자원을 수입해서 이용하고 그 대가를 지불해야 한다는 의미다. 생명공학회사들의 많은 제품들이 미생물을 활용한 발효기술에서 나온다. 식품뿐만 아니라 공업분야인 정밀화학, 환경분야 등에서도 미생물을 활용한 산업들이 보편화되고 있다. 세계는 지금 생물다양성협약에 따라 미생물에 대한 다양한 특허가 등록되고 있다. 미생물을 확보해야 국가와 기업이 경쟁력을 가질 수 있다. 생물자원을 확보하기 위한 기초과학에 정부가 적극적으로 투자해야 하는 이유다. 생물자원을 확보해야 미래산업인 생명과학분야

를 선도해 나갈 수 있다. 앞으로 2, 3차 산업의 경쟁력은 성장 중인 개발도상국들에 밀릴 것이다. 지금 우리는 다양한 산업군에서 4차 산업혁명을 선점해야만 국가 경쟁력을 확보할 수 있는 과도기에 서 있다.

8 미래의 식량, 곤충산업

곤충산업이 지속적으로 성장하고 있다. 미래의 슈퍼푸드로, 미래의 의약품 원료로, 해충의 천적으로, 농작물의 꽃가루 수분 매개역할로, 동물의 사료용 등으로 2020년이면 세계 곤충산업 규모가 약 40조 원으로 성장할 것으로 예측하고 있다. 미국, 일본 등을 비롯한 서구 선진국에서는 이미 곤충을 식용 및 약용으로 이용하기 위한 법률적 정비를 마치고 미래산업인 곤충연구에 많은 투자를 하고 있다.

유엔식량농업기구(FAO)의 2013년 보고서를 보면, 식용곤충이 미래 식량안보를 해결해 줄 대안일 뿐만 아니라, 환경문제까지 해결할 수 있는 효과가 있다고 제시하고 있다. 2050년 세계 인구가 90억 명으로 증가하면 번식력이 강하고, 단백질 등 영양이 풍부한 곤충을 미래식품으로 성장시켜야 한다는 보고서 내용이다. 소, 돼지 등 동물을 사육하는 데는 많은 곡물사료가 필요하다. 또한 동물사육으로부터 나오는 메탄가스와 부산물 처리 등으로 환경오염이 발생하는 문제 등이 많은 것이 사실이다. 곤충은 적은 사료로 많은 번식이 가능해 미래의 단백질 공급원으로 그 가능성이 충분하다는 연구 결과들이 나오고 있다. 미국을 비롯한 북미지역의 곤충산업은 지속적으로 성장하고 있다. 곤충으로 만든 식품을 파는 기업이 멕시코, 미국, 캐나다 지역에서만 50여 곳이다. 이들 곤충식품기업에서는 곤충을 재료로 만두를 만들고, 실지렁이, 귀뚜라미를 원료로 요리메뉴를 만든다. 단백질이 풍부한 곤충을 이용해 스낵바와 스낵칩 과자를 만들기도 한다.

미국은 곤충기반 식품산업을 위하여 식의약화장품법(FFDCA)에 기반한 우수제조시설(GMP) 절차에 따라 제품을 제조해야 하는 규정에 따라 살모넬라 대장균 검사를 받아야 한다.

곤충의 의약품개발 측면에서 보면, 구더기로 상처를 치료하고 애기뿔소똥구리에서 포도상구균 항생제를 만들고 왕지네에서 아토피 치료제를 추출하기도 한다. 미래에는 다양한 곤충으로부터 다양한 의약품이 개발될 것이다.

▲ 2019년 1월 저자가 중국 산동성 류산의 한 농촌가정에 초대받아 직접 맛본 식용곤충 메뉴

중국에는 30만 종의 곤충이 있고 이미 3000년 전부터 곤충을 식용하여 왔다. 중국 북경 왕푸징 야시장에는 각종 벌레, 곤충, 전갈, 뱀, 지네 등의 다양한 곤충을 생긴 모습 그대로 식용으로 팔고 있다. 이로

보아 중국에서 식용곤충은 오래전부터 이용되어 왔음을 알 수 있다. 중국은 170여 종의 식용곤충과 10종의 곤충을 약용으로 지정하여 대량 생산체계를 갖추어 산업화를 지원하고 있다. 중국의 곤충산업은 농작물의 화분매개체, 약용, 식용, 사료용, 관상용, 천적용으로 성장추세에 있다. 3대 곤충으로 대표되는 곤충은 누에, 꿀벌, 동물의 사료 등 다양하게 이용되는 갈색거저리가 있다.

벨기에는 곤충 10종을 식용으로 허가하기 위한 법적 근거를 마련하였고, 스위스는 2017년 '식품 및 일용품에 관한 법률명령'을 통해 메뚜기, 귀뚜라미, 갈색거저리를 식재료로 인정하고 있다. 또한 식용곤충 판매와 식품재료로 사용할 경우 주무관청의 허가를 받도록 하고 있다. 네덜란드 와게닝겐 UR연구소에서는 식용곤충의 상품화를 위하여 100만 유로에 가까운 돈을 식용곤충 연구에 투자하고 있다. 세계는 지금 식용과 약용 곤충시장이 미래식품시장으로 성장하고 있고, 사료용 곤충 또한 곡물사료의 대안으로 떠오르고 있다.

우리나라도 '곤충산업의 육성 및 지원에 관한 법률'을 2010년에 제정하여 '식품위생법, 제2조 1항'에 따라 식용곤충사육기준에 적합한 7종류의 곤충을 정의하여 농림축산식품부 주관으로 곤충산업육성 5개년 계획을 시행하고 있다. CJ제일제당과 대상그룹 등 식품기업들은 곤충을 분말화, 농축화, 식용곤충 메뉴화 등을 개발에 주력하고 있지만 아직 시장이 크지는 않다.

8.1 캐나다 곤충식품기업 : Crickstart

이 회사가 광고하고 있는 귀뚜라미 스낵바를 보면, 귀뚜라미는 동물성 단백질과 같이 히스티딘, 이소루이신, 루신, 라이신, 메티오닌, 페닐알라닌, 트레오닌, 트립토판, 발린 등 9가지 필수 아미노산을 가지고 있다고 설명한다. 이들 아미노산은 몸에서 생산할 수 없는 영양분이기 때문에 반드시 섭취해야 한다. 또한 인간의 뇌와 신경계 그리고 DNA 합성에 필수 영양소인 B_{12}가 연어의 7배나 들어 있다. 우리는 이들 영양소를 대부분 생선과 해산물을 통해 섭취하고 있다. 곤충의 외골격을 Kitin이라고 하는데 이 Kitin은 프리바이오틱 섬유로 되어 있어 인간의 내장에 유익한 박테리아를 공급하는 데 놀라운 효능이 있는 것으로 밝혀져 Kitin파우더를 상품으로 만들어 판매하고 있다.

곤충산업의 이점들은 다양하다. 곤충은 사육 후 전혀 버려지는 부산물이 없다. 전통적인 단백질 생산물인 축산업은 생산과정에서 많은 양의 곡물과 환경오염이 있을 뿐 아니라 이용과정에서 버려지는 비율이 약 30% 가까이 된다. 하지만 곤충은 버려지는 것과 환경오염이 전혀 없다.

귀뚜라미는 사육공간이 축산업에 비해 절대적으로 작고, 단위면적당 단백질 생산량 또한 매우 높아 미래식량으로 충분한 시장성을 가지고 있다. 배설물 또한 건조하여 유기농업 비료로 사용하면 매우 효과가 있다. 귀뚜라미 생산과정은 무농약, No GMO, No 인공비료, No 호르몬으로 인체에 무해한 생산과정으로 비육하고 제품화한다. 사육농장에서 귀뚜라미는 6~8주의 성장과정을 거쳐 고온의 오븐에서 구워져 분말로 만들어진 후 다양한 식품의 원료로 사용된다.

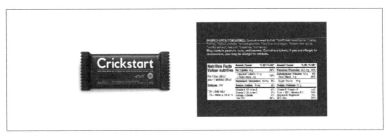

출처: https://crickstart.ca/

귀뚜라미파우더로 만든 초콜릿 맛이 나는 스낵바

출처: https://crickstart.ca/

Crickstart회사에서 만든 귀뚜라미분말(단백질, 비타민 B12, 프리바이오틱, 미네랄 함유)

http://highwaypost.c-nexco.co.jp

http://hongdong.hongseong.go.kr/

http://www.62farm.co.kr/

http://www.amicogen.com/

http://www.chungbuk.go.kr

http://www.hilocalfood.com/

http://www.kurly.com/

http://www.maff.go.jp/

http://www.mizuhonomuraichiba.com/

http://www.moku-moku.com

http://www.monsanto.com

http://www.redis.go.kr

http://www.wanju.go.kr/

https://crickstart.ca/

https://fresh.jd.com/

https://namu.wiki/w

https://noma.dk/

https://spri.kr

https://www.danishcrown.dk/

https://www.denenplaza.co.jp/

https://www.facebook.com/marketkurly

https://www.facebook.com/pg/HandsFreeHectare

https://www.fonterra.com/content/fonterra/cn/

https://www.jd.com/

https://www.novozymes.com

https://www.odakorea.go.kr/
https://www.syngenta.com
https://www.syngenta.com/media
https://www.wur.nl/en.htm
Schwarzwald Tourismus
Wildromantische Natur im Albtal
www.AeroFarms.com/twitter.com/AeroFarms/
www.facebook.com/AeroFarms
www.fonterra.com
www.Lely.com
www.smallrobotcompany.com

고창군 문화관광(http://culture.gochang.go.kr/)
국립민속발물관(http://www.nfm.go.kr)
농촌경제연구원(www.krei.re.kr)
농촌진흥청(www.rda.go.kr)
보리나라 학원농장(http://www.borinara.co.kr/)

고속도로휴게소, 배종엽 지음, 우현미디어
동몽골의 가치와 미래, 단국대학교출판부
중국 곤충산업 현장답사보고서 - 산동성편, 김용욱, 빠삐용의 사람들
지금은, 유라시아시대, 강재홍 지음, 우공이산
첨단농업 부국의 길, 아그리젠토코리아 프로그램팀, 매일경제신문사
한국민족문화대백과사전, 한국학중앙연구원

저자와의
합의하에
인지첩부
생략

농업은 농사가 아니다. 미래산업이다!

2019년 3월 15일 초 판 1쇄 발행
2019년 6월 10일 개정판 1쇄 발행

지은이 박영일
펴낸이 진욱상
펴낸곳 백산출판사
교 정 편집부
본문디자인 이문희
표지디자인 오정은

등 록 1974년 1월 9일 제406-1974-000001호
주 소 경기도 파주시 회동길 370(백산빌딩 3층)
전 화 02-914-1621(代)
팩 스 031-955-9911
이메일 edit@ibaeksan.kr
홈페이지 www.ibaeksan.kr

ISBN 979-11-5763-811-6 93520
값 16,500원